John Deere
Traktoren

Udo Paulitz

John Deere Traktoren

© KOMET Verlag GmbH, Köln

www.komet-verlag.de

Text & Bild: Udo Paulitz, Duisburg

Gesamtherstellung: KOMET Verlag GmbH, Köln

ISBN 978-3-89836-820-9

Inhalt

Zu diesem Buch

Durch Übernahme des Traktorfabrikanten Waterloo gelang John Deere 1918 der Einstieg in die Schlepperbranche. Das Foto zeigt das Modell Waterloo Boy Typ N aus dem Jahr 1918.

Das 1923 vorgestellte Modell D war John Deeres Antwort auf die fortschrittliche Konstruktion des Fordson-Traktors, der im Schlepperbau den Trend zur rahmenlosen Blockbauweise einleitete. Hier ein toprestauriertes Fahrzeug von 1927 mit gummibelegten Eisenrädern.

Wer kennt sie nicht, die grün-gelb lackierten Ackerschlepper, die uns tagtäglich auf den Feldern begegnen? Diese Fahrzeuge stammen aus dem Hause des Landmaschinenherstellers und Traktorbauers Deere & Company, besser bekannt unter dem Markenzeichen John Deere. Der international agierende Konzern, der in Moline/Iowa in den Vereinigten Staaten seinen Unternehmenssitz hat, blickt auf eine traditionsreiche Geschichte zurück. Diese nahm 1837 ihren Anfang, als der Hufschmied und spätere Firmengründer John Deere den ersten wirtschaftlich erfolgreichen selbstreinigenden Stahlpflug konstruierte. Im Jahr 1918 dehnte das Unternehmen seine Produktpalette auf die Fabrikation von Traktoren aus, wobei die Mitbewerber – allen voran die International Harvester Company – es dem Neuling in diesem Segment nicht leicht machten. Es dauerte zehn Jahre, bis John Deere mit dem 1928 vorgestellten Modell GP (General Purpose) der endgültige Durchbruch auf dem Traktorenmarkt gelang. In den frühen 1960er-Jahren verdrängte das Unternehmen schließlich den großen Rivalen International Harvester als weltgrößten Landmaschinenhersteller.

Als einziger Großhersteller der Branche hat sich John Deere durch Zielstrebigkeit und vorausschauende, solide Produktpolitik seine Unabhängigkeit bis

heute bewahrt. Aus den Krisen des Landmaschinensektors ging die Firma stets gestärkt hervor. Während andere Großhersteller ihre Tätigkeit beenden mussten oder durch Fusion ihre Selbständigkeit verloren, hatte John Deere Ende der 1980er-Jahre mehr als die Hälfte des amerikanischen Traktorenmarktes in der Hand.

Von den zahlreichen über den ganzen Erdball verteilten Produktionsstandorten wird der Weltmarkt strategisch bearbeitet. John-Deere-Erzeugnisse werden in mehr als 160 Ländern vertrieben. Die umfangreiche Produktpalette reicht von Kleintraktoren für die Rasenpflege bis zu Großschleppern mit über 500 PS Motorleistung. Neben Traktoren werden auch Mähdrescher, Feldhäcksler, Ballenpressen und zahlreiche weitere Maschinen für die Land- und Forstwirtschaft hergestellt. Dazu werden Partnerschaften mit führenden Mitgliedern der Branche und Zulieferern unterhalten. So stiegen die weltweit erzielten Konzernumsätze von 510 Millionen US-Dollar im Jahr 1960 auf 13.137 Millionen US-Dollar im Jahr 2001.

In Deutschland und Europa tat sich John Deere nach der Übernahme der Mannheimer Lanz-Werke 1956 anfänglich recht schwer. Zu anders geartet waren für das damals im Exportgeschäft noch unerfahrene Unternehmen die hier herrschenden Rahmenbedingungen und Ansprüche. Dieser holprige Beginn aber ist längst überwunden: Heute beschäftigt John Deere an seinen fünf deutschen Standorten rund 5300 Mitarbeiter und erzielt jährlich mehr als zwei Milliarden Euro Umsatz – das entspricht fast der Hälfte des Gesamtumsatzes der deutschen Landmaschinenindustrie. Am 4. November 2008 wurde im Werk Mannheim der 1,5-millionste Schlepper seit 1960 ausgeliefert.

Dieses Buch schildert mit liebevoll ausgewählten Fotografien die faszinierende Geschichte der berühmten grün-gelben John-Deere-Traktoren mit dem Hirsch-Firmenlogo. Verlag und Autor wünschen Ihnen viel Freude auf Ihrem Streifzug durch die Historie der Kultmarke!

Der Autor dankt herzlich der Firma Deere & Company für das zur Verfügung gestellte Bildmaterial sowie den zahlreichen Traktorbesitzern, die ihre Fahrzeuge geduldig in die richtige Fotoposition gefahren haben. Ein besonderer Dank gilt Paulus Beuken, der so manches schöne Bild zu diesem Buch beigesteuert hat.

1938 erhielten die John-Deere-Traktormodelle ein neues, moderneres Erscheinungsbild, das der berühmte Industriedesigner Henry Dreyfuss entworfen hatte. Das galt auch für das seit 1934 gebaute Modell A, das mit etwa 300.000 Stück zu den meistgebauten Traktoren der Welt gehört. Auf dem Foto ist ein Schlepper dieses Typs aus dem Jahr 1942 zu sehen.

Am Anfang stand der Stahlpflug

John Deere (1804–1886), der Schmied aus Vermont, dessen Unternehmen als einziger Traktorhersteller noch heute den Namen seines Gründers trägt.

Als John Deere am 7. Februar 1804 in Rutland im US-amerikanischen Bundesstaat Vermont als Sohn eines englischen Einwanderers geboren wurde, konnte niemand ahnen, dass er eines der größten Landmaschinen- und Traktorenunternehmen der Welt begründen sollte. Zu einer Zeit, als im alten Europa die napoleonischen Kriege tobten, verlief das Leben in seiner Heimat an der Ostküste der noch nicht allzu lange politisch unabhängigen Vereinigten Staaten in geordneten und friedlichen Bahnen. John Deere verbrachte seine Kindheit und Jugend in Middlebury, wo er eine Volksschule besuchte und anschließend eine vierjährige Lehre als Schmied absolvierte. Seit 1825 arbeitete er zunächst als Schmiedegeselle. Wenig später machte er sich selbstständig und wurde in der näheren Umgebung schnell als sorgfältiger und einfallsreicher Handwerker bekannt. Vor allem seine äußerst stabil gebauten, auf Hochglanz polierten Schaufeln, Spaten und Heugabeln waren im westlichen Teil von Vermont bald sehr begehrt.

Auf Dauer konnte diese zwar bodenständige, aber eher monotone Tätigkeit den ehrgeizigen Schmied nicht zufriedenstellen. Hinzu kam, dass sich die wirtschaftlichen Bedingungen Mitte der 1830er-Jahre in seiner Region verschlechterten und damit auch seine Zukunft ungesicherter erscheinen ließen. Zu dieser Zeit begann die gewaltsame Landnahme und allmähliche Verdrängung der indianischen Ureinwohner aus den weiten Gebieten der sich immer weiter nach Westen ausdehnenden Vereinigten Staaten. Immer mehr Menschen zog es nach dem goldenen Westen und was von dort an Berichten über einmalige Gelegenheiten, um schnell zu Reichtum und Glück zu kommen, nach Vermont zurückdrang, versetzte auch den jungen John Deere zunehmend in Begeisterung. Kurz entschlossen gab er sein Geschäft auf und packte sein weniges Hab und Gut, um sich den westwärts ziehenden Pionieren anzuschließen. Vor allem Werkzeug gehörte zu seinem Gepäck, denn tüchtige Handwerker würde man in der neu aufzubauenden Zivilisation immer benötigen. Nach einer langen, entbehrungsreichen Reise erreichte er im Jahr 1836 das am Rock River, einem kleinen Nebenfluss des Mississippi, gelegene Dorf Grand Detour in Illinois. Hier hatten sich viele Siedler aus dem heimischen Vermont niedergelassen. Da diese einen tüchtigen Schmied benötigten, konnte Deere nach seiner Ankunft binnen kurzer Zeit eine Werkstatt eröffnen. Dort gab es für ihn reichlich zu tun: Sein weites Tätigkeitsfeld erstreckte sich von allgemeinen Schmiedearbeiten aller Art, zu denen auch das Beschlagen der Pferde als Hufschmied gehörte, bis hin zur Reparatur von Pflügen und anderem landwirtschaftlichen Gerät der Siedler. Dabei machte er erstmals Bekanntschaft mit einem speziellen Problem, mit dem die Siedler

In dieser 1962 aufgefundenen und später restaurierten Schmiede baute John Deere im Jahr 1837 seinen ersten Stahlpflug.

beim Umbruch des fruchtbaren, aber schweren Präriebodens des Mittleren Westens zu kämpfen hatten: Die aus der Heimat mitgebrachten gusseisernen Pflüge waren ausgelegt für die leichten, sandigen Böden, die in den Neuenglandstaaten an der Ostküste vorherrschten. Der fette, schwere Prärieboden klebte unten an den Pflugscharen fast wie Leim fest, sodass die Arbeit immer wieder unterbrochen werden musste, um die Pflugscharen zu reinigen. So wurde das Pflügen zu einer langwierigen und mühsamen Aufgabe.

John Deere gelangte zu der Überzeugung, dass sich Streichblech und Pflugschar von selbst reinigen mussten, wenn sie auf Hochglanz poliert waren und die richtige Form aufwiesen. So schmiedete er aus einem gebrochenen Sägeblatt 1837 den ersten selbstreinigenden Stahlpflug der Welt, den er auf einer Farm bei Grand Detour erprobte. Mit diesem Pflug konnte man so gut arbeiten, dass der Farmer ihn sogleich

kaufte. Der Pflug war ein Meilenstein in der Geschichte der Landwirtschaft und genau das, was die Siedler im Mittleren Westen für die Bodenbearbeitung brauchten. Zugleich war es der Beginn zahlreicher Innovationen, die John Deere zur Entwicklung nicht nur der US-amerikanischen Landwirtschaft beisteuern sollte. Damals war es üblich, landwirtschaftliche Arbeitsgeräte nur auf Bestellung zu bauen. Deere wagte als Erster, zunächst eine Serie von Pflügen anzufertigen und sie dann dorthin zu transportieren, wo sie benötigt und verkauft werden sollten. Dieses Vorgehen war erfolgreich und die selbstreinigenden Pflüge wurden schnell bekannt. Obwohl die Verkehrsverbindungen damals noch mangelhaft waren und Walzstahl nicht leicht zu beschaffen war, stieg Deeres Produktion steil an. Fertigte er im Jahr 1939 noch zehn Pflüge, so waren es 1842 schon 100 und 1847 sogar 1000 Stück. Bis 1857 fertigte er mit seiner Firma insgesamt 13.400 Pflüge, die in mehreren Bauausführungen angeboten wurden. Entsprechend schnell wuchs die Zahl der Mitarbeiter. Da Grand Detour als Produktionsstandort verkehrsmäßig ungünstig gelegen war, errichtete John Deere 1848 ein Werk in Moline an den Ufern des Mississippi, um den Strom als Wasserkraftquelle, aber auch als Transportweg zu nutzen.

Schon in den ersten Jahren nach der Geschäftsgründung legte Deere einige Grundsätze fest, zu deren wichtigsten die Forderung nach einem gleichbleibend hohen Qualitätsstandard gehörte. Dieser Philosophie ist das schnell wachsende Unternehmen bis heute treu geblieben. 1864 wurde John Deeres Sohn Charles gleichberechtigter Partner in der Firma. Vier Jahre später, 1868, wurde der Betrieb unter dem Namen Deere & Company in eine Aktiengesellschaft mit vier Anteilseignern umgewandelt. Dieser Betrieb stellte im ersten vollständigen Geschäftsjahr die beachtliche Zahl von 41.133 landwirtschaftlichen Geräten, zur Hauptsache Pflüge, her. 1876 erschien erstmals das Symbol des springenden Hirsches – „deer" ist das englische Wort für „Hirsch" – im Warenzeichen der Firma. Getreu dem Motto, dass, wenn man die Geräte nicht fortwährend verbesserte, dies ein Mitbewerber täte, wurde laufend an der technischen Optimierung der Produkte gearbeitet. 1874 wurde der erste Mehrscharpflug angeboten, kurze Zeit später folgten Pflugmodelle, die der Farmer im Sitzen bedienen konnte. Angesichts der positiven Entwicklung konnte sich Firmengründer John Deere, der mittlerweile als Präsident des Unternehmens fungierte, zufrieden zurücklehnen. Als er am 17. Mai 1886 im Alter von 82 Jahren starb, hinterließ er ein gut eingeführtes, auf Erfolgskurs ausgerichtetes Unternehmen, bei dem weit über Tausend Mitarbeiter in Lohn und Brot standen.

Im Todesjahr von John Deere wurden bereits mehr als 90.000 Pflüge verkauft. Unter seinem Sohn Charles Deere, der einen ausgezeichneten Ruf als Geschäftsmann genoss, expandierte das Unternehmen weiter. 1889 begann man mit dem Bau von bis zu sechsscharigen Pflügen für die aufkommenden Dampftraktoren. Obwohl die Fabrikation von Ackerpflügen weiterhin das Kerngeschäft bildete, wandte man sich jetzt verstärkt dem Bau auch anderer landwirtschaftlicher Geräte zu, um den Farmern eine möglichst komplette Produktpalette an Ackergeräten anzubieten. Seit 1890 ergänzten Kultivatoren und Maispflanzer das Bauprogramm; Geräte für die Heuernte, Ackerwagen, Drill- und Sämaschinen, Miststreuer und viele weitere sollten folgen. Diese Produktausweitung erfolgte vorwiegend durch Zusammenschluss oder Übernahme von teilweise mit Deere & Company in Konkurrenz stehenden oder auf den Bau dieser Maschinen spezialisierter Firmen. Mit den auf diese Weise entstandenen zusätzlichen Produktionsstätten und Vertriebsorganisationen gelang es nicht nur, das Sortiment zu vervollständigen, sondern auch ein über das gesamte Land verbreitetes Vertriebs- und Händlernetz zu schaffen. Immer häufiger bot Deere seinen Kunden die Möglichkeit, ihren gesamten Maschinenbedarf bei einem einzelnen Deere-Händler zu decken.

1876

1912

1936

1937

1950

1956

1968

2001

Das Logo im Jahr 1956.

Das Logo von 1968 zeigt den Hirschen als zweibeinige Silhouette.

Seit 2001 befindet sich dieses völlig neu gestaltete Logo mit einem zum Sprung startenden Hirschen an den John-Deere-Traktoren.

Bereits damals gab es unter den zahlreichen Branchenmitgliedern harte Wettbewerbskämpfe um Marktanteile, die fast immer erst dann endeten, wenn der unterlegene, meist kleinere und weniger finanzkräftige Mitbewerber entweder zahlungsunfähig oder in das Unternehmen des Siegers aufgegangen war. Bei annähernd gleich starken Kontrahenten konnte es aber auch zu jahrelangen Wettbewerbskriegen um die Marktführerschaft kommen. Das war beispielsweise zwischen Deere & Company und der aus dem Zusammenschluss von fünf Firmen hervorgegangenen International Harvester Company der Fall. Beide Kontrahenten versuchten sich entweder durch Übernahmen oder Zukauf fehlender Produkte gegenseitig zu überflügeln und die Expansion des anderen zu stören. Deere & Company, mittlerweile eines der weltweit größten Unternehmen im Bereich landwirtschaftlicher Maschinen, erwies sich als stark genug, um in diesem massiven Wettbewerb zu bestehen. Als Charles Deere im Jahr 1907 starb, wurde sein Schwiegersohn William Butterworth zum neuen Präsidenten des Unternehmens gewählt. Deere & Company fertigte mittlerweile eine breite, nahezu vollständige Palette von Stahlpflügen, Kultivatoren, Mais- und Baumwollsetzmaschinen sowie Landmaschinen der verschiedensten Art. 1912 betrieb man insgesamt zehn Fabriken und 20 Filialen, in denen etwa 1500 Mitarbeiter beschäftigt wurden. Auf dem Wege zum Komplettsortiment fehlte nur noch ein ganz wichtiger Baustein – der Traktor.

Das John-Deere-Firmenzeichen des springenden Hirsches wurde im Laufe der Zeit immer wieder geändert und dem aktuellen Zeitgeschmack angepasst. So wurde die Darstellung des nach unten springenden Hirsches immer stärker stilisiert und vereinfacht. In dem 2001 nochmals überarbeiteten Logo setzt der Hirsch zum Sprung nach oben an, um die ungebremste Aufwärtsentwicklung des Unternehmens zu symbolisieren.

Der Einstieg in die Traktorbranche

Noch recht abenteuerlich sah der 1892 von John Froelich gebaute Benzintraktor aus – hier ein Nachbau. Er gilt als der erste funktionstüchtige Traktor der Welt.

Im Jahr 1859 wurde im US-Bundesstaat Pennsylvania Erdöl entdeckt. Aus dem nun überreichlich vorhandenen Öl ließen sich neben den damaligen Hauptprodukten Petroleum und Leuchtöl auch Benzin und Kerosin gewinnen. Benzin zählte zu den Leichtdestillaten, die bei der Verarbeitung als Nebenprodukte anfielen. Während Petroleum und Leuchtöl für die Lichtgewinnung benötigt wurden, gab es für die billigen Leichtdestillate anfangs kaum sinnvolle Verwendungsmöglichkeiten. Umso stärker förderte daher die junge US-Ölindustrie die Entwicklung von Verbrennungsmotoren auf Benzinbasis, seien sie stationär oder auch mobil.

Bis dahin verrichteten fahrbare Dampflokomobile, welche die Pferde ersetzt hatten, die Arbeit auf den schier endlos weiten Flächen der amerikanischen Prärien – den früheren Jagdgründen der Indianer. Ab etwa 1875 wurden in Amerika die ursprünglich zum Lastentransport entwickelten dampfbetriebenen Straßenlokomobile auch für das Umbrechen der festen Prärieböden erfolgreich eingesetzt. Es entstanden Maschinengiganten, die der Größe europäischer Dampflokomotiven in nichts nachstanden und teilweise mit 14-scharigen Pflügen über die früher von weidenden Büffelherden bevölkerten Ebenen stampften. Dabei waren Pflugfurchen von über 10 Kilometer Länge ebenso wie Arbeitsbreiten von mehr als 10 Meter keine Seltenheit. Die amerikanische Dampfmaschinenindustrie expandierte und immer neue Hersteller schossen wie Pilze aus dem Boden. Insgesamt gesehen aber war die Verwendung von Dampfmaschinen für die Feldarbeit sehr aufwendig und teuer, sodass sie nur von ausgesprochenen Großbetrieben beschafft und eingesetzt werden konnten. So eindrucksvoll diese monströsen Maschinen und der durch sie erreichte Fortschritt bei der Feldarbeit auch waren – ihr Wirkungsgrad blieb begrenzt. Das Problem, eine effiziente Kraftmaschine für die Landwirtschaft zu entwickeln, war damit weiterhin noch nicht zufriedenstellend gelöst.

Eine solche Lösung bahnte sich jedoch an, als es Nikolaus Otto 1875 gelang, einen zunächst mit einem Gasgemisch betriebenen Viertakt-Verbrennungsmotor zu entwickeln. Einige Jahre später konnte für das als Ottomotor bezeichnete Aggregat Benzin zum Antrieb verwendet werden. Etwa zeitgleich bauten

Gottlieb Daimler und Karl Benz ebenfalls Benzinmotoren, die auch in den ersten Kraftwagen Verwendung fanden.

Aufgrund der durch den großen Ölreichtum günstigen Voraussetzungen übernahmen die Vereinigten Staaten schon bald die Vorreiterrolle bei der Nutzung der Motorentechnologie für die Landwirtschaft. Anfangs verhinderten Patentrechte die unbefugte Übernahme der neu entwickelten Antriebstechnik. Einen der ersten Traktoren baute John Froelich aus Iowa im Jahr 1892. Das Vehikel, das mit der uns heute geläufigen Bauform eines Traktors noch nicht die geringste Ähnlichkeit besaß, hatte einen stehend angeordneten, mit Rohöl betriebenen Einzylindermotor mit dem gewaltigen Hubraum von 35,5 Litern und 20 PS Leistung. Das Fahrgestell, auf dem dieser Motor mon-

Waterloo Boy Typ N

tiert war, entstand bei einem Dorfschmied in Froelichs Heimatort. Immerhin konnte der völlig offen konstruierte Schlepper schon mittels Batteriezündung gestartet werden sowie vorwärts- und rückwärtsfahren. Obwohl zu dieser Zeit von mehreren Tüftlern unabhängig voneinander etliche experimentelle Traktoren auf die Räder gestellt wurden, gilt der Froelich-Traktor als die erste landwirtschaftliche Maschine mit Verbrennungsmotor, die mit Erfolg über einen längeren Zeitraum vor einer Dreschmaschine eingesetzt werden konnte. Durch diesen Erfolg ermuntert, gründete Froelich zusammen mit einigen Geschäftsleute die in Waterloo/Iowa ansässige Waterloo Gasoline Traction Engine Company. Der wirtschaftliche Erfolg aber blieb aus, denn die Funktionstüchtigkeit der folgenden Maschinen ließ zu wünschen übrig. Deshalb konzentrierte sich die kleine, im Jahr 1895 neu formierte Firma zunächst auf eine Stationärmotorreihe,

die unter der Bezeichnung „Waterloo Boy" angeboten und mit besserem Erfolg vertrieben wurde.

Erst ab 1911 wandte sich dieser Hersteller erneut dem Traktorenbau zu, um den hauseigenen Motoren einen zusätzlichen Absatzmarkt zu erschließen. Nach verschiedenen Versuchsmustern wurde 1914 ein neues Modell unter der Typenbezeichnung R mit einem wassergekühlten, kerosingetriebenen Motor aus zwei nebeneinanderliegenden Zylindern entwickelt. Bis zum Jahr 1917 entstand das mit nur jeweils einem Vor- und Rückwärtsgang ausgestattete sowie in Rahmenbauweise konstruierte Waterloo-Boy-Modell R in zwölf unterschiedlichen Bauausführungen. Von ihm wurden mehr als 8000 Stück gebaut. Die vom Waterloo Boy übernommene Bauform sollte auch zum Standard-Motorenbaustil der John-Deere-Traktoren der folgenden Jahrzehnte werden.

Originalgetreu restaurierter Waterloo Boy von 1918. Der Traktor besaß einen liegenden Zweizylindermotor für Kerosinantrieb. Vorn auf dem Metallgestell befindet sich der Kraftstofftank. Hier die linke Fahrzeugseite.

Die malerische Plakette befand sich vorn auf dem Kraftstofftank der Waterloo-Boy-Traktoren.

1917 kam das verbesserte Modell N auf den Markt, das mit zwei Vorwärtsgängen für 3,6 und 4,8 km/h und einem Rückwärtsgang ausgerüstet war. Das Zweizylinderaggregat, das bei 750 U/min 25 PS erzeugte, besaß einen Hubraum von 7600 ccm. Der Traktor verfügte über Stahlspeichenräder und hatte ein Eigengewicht von 2805 kg. Dieses Modell blieb auch nach der Übernahme der Firma durch Deere & Company bis 1924 in der Produktion und wurde in fast 20.000 Exemplaren gebaut. Zusätzlich gelangten mehr als 4.000 Maschinen während des Ersten Weltkriegs nach England, um dort die kriegsbedingte Ernährungslage zu verbessern. Die Maschinen wurden von der Overtime Tractor Company in London importiert und unter diesem Namen vertrieben. Ab Frühjahr 1918 wurde das Modell Waterloo Boy N als erstes von John Deere angebotene Traktormodell Bestandteil der Produktpalette.

Seit sich zu Beginn des 20. Jahrhunderts die Traktorenindustrie in den USA in einem raschen Aufschwung befand, war auch William Butterworth, der damalige Präsident von Deere & Company, zu der Überzeugung gelangt, dass es für ein Großunternehmen der Landwirtschaftsindustrie auf Dauer keine Zukunft geben würde, wenn man nicht selbst Trak-

toren herstellte. Im Jahr 1911 kaufte das Unternehmen sechs Landmaschinenhersteller auf – doch ein Traktorhersteller befand sich leider nicht darunter. Die Zeit drängte. Schon 1907 befanden sich nicht weniger als 600 Benzinschlepper in den USA und Kanada im Einsatz. Jährlich gesellten sich weitere Anbieter hinzu und 1912 wurden in Nordamerika bereits 12.000 Maschinen hergestellt. In dieser Zeit wuchs International Harvester zum größten Traktorhersteller der Welt, und John Deere musste dringend handeln, um von diesem Giganten nicht vollends überflügelt zu werden.

Es war also schon reichlich spät, als der Vorstand von Deere & Company 1912 endlich grünes Licht zur Entwicklung eines eigenen „Traktorpfluges" gab. Man befasste sich mit einem allradgetriebenen Dreiradtraktor mit vorne zwei und hinten einem großen Rad. Der als „Dain-Traktor" bekannt gewordene Typ AWD wurde das erste Modell, das den Namen „John Deere" tragen sollte. Eine erweiterte Nullserie von 100 Stück wurde in Auftrag gegeben. Aber so richtig kam man mit den Arbeiten nicht voran. Neben einer gewissen Unzuverlässigkeit und zu geringer Bodenhaftung war das aufwendige Fahrzeug vor allem viel zu teuer geraten und kostete mittlerweile rund doppelt so viel wie ursprünglich vorgesehen. So setzte sich die Erkenntnis durch, dass es einfacher sei, ein bewährtes Fremdfabrikat zu übernehmen. Kurz nach dem Ersten Weltkrieg kaufte Deere & Company daher am 14. März 1918 die Waterloo Gasoline Tractor Company einschließlich aller Produktionsanlagen, Patente und Rechte zum Komplettpreis von 2.350.000 US-Dollar. Damit befand sich endlich ein anerkannt gutes und einfaches Traktormodell im Deere-Verkaufsprogramm, das mit 890 US-Dollar überdies nur die Hälfte des Dain-Schleppers kostete. Obwohl sich der Waterloo Boy technisch nicht mehr auf dem neuesten Stand befand, erfüllte er seinen Zweck und öffnete John Deere den Weg in den Traktormarkt.

Der Waterloo Boy in einer Ansicht von rechts. Zum Schutz des Untergrundes ist die Eisenbereifung mit Gummiauflagen überzogen. Beachtenswert ist das Sonnensegel zum Schutz des Fahrers bei stundenlanger Feldarbeit im Sommer.

Das Foto zeigt die Riemenscheibe des Waterloo Boy. Gut zu erkennen ist die massiv vernietete Rahmenkonstruktion.

Die mechanische Kraftübertragung erfolgte mittels Kette von den Hinterrädern durch zahlreiche teilweise riesige Zahnräder.

Überaus einfach und aus heutiger Perspektive geradezu spartanisch gestaltet sind die Bedienungsinstrumente des Traktors. Hier der riesige Gangschalthebel.

Mit der Buchstaben-Reihe auf Erfolgskurs

Die Blockkonstruktion des von 1917 bis 1928 gebauten Fordson F wurde zum Vorbild für alle Ackerschlepper der folgenden Jahrzehnte.

Im Jahr 1917 brachte der Automobilkönig Henry Ford seinen berühmten Ackerschlepper Fordson F auf den Markt. Das Modell wurde zum Urahn des heutigen Standardtraktors und sollte wie kein zweites die Fortentwicklung dieses landwirtschaftlichen Nutzfahrzeugs prägen. Der Fordson diente als Vorbild für nahezu alle Schlepperentwürfe der folgenden Jahre. Sein Erfolgsgeheimnis waren seine übersichtliche Konstruktion, sein geringes Gewicht und die erstmals angewandte rahmenlose Blockbauweise. Hinzu kamen seine einfache Bedienbarkeit, seine Wendigkeit und seine verhältnismäßig hohe Fahrgeschwindigkeit. Nicht zuletzt war sein Preis durch die bereits im Ford-

Pkw-Bau bewährte Fließband-Massenfabrikation mit 395 US-Dollar sensationell günstig. So fiel es ihm leicht, praktisch alle bis dato für die Feldarbeit angebotenen Fahrzeuge und Maschinen ins Abseits zu drängen. Da auch der bisherige Hauptkonkurrent International Harvester mit dem Typ 8-16 nachzog, sanken die Verkaufszahlen des Waterloo Boy in den Keller. Ein neues Modell musste schnellstens her, wollte man in dieser gerade erst tätig gewordenen Sparte nicht ins Hintertreffen geraten.

An einem solchen neuen Modell wurde bereits seit 1919 mit Hochdruck gearbeitet. Markt und Konkurrenzsituation verlangten einen preiswert herzustellen-

John Deeres Gegenstück zum Fordson war das Modell D, bei dem ebenfalls die Blockbauweise angewendet wurde. Der erste eigenständig bei Deere & Company entwickelte solide und kompakte Traktor verkaufte sich von 1923 bis 1953 mit großem Erfolg. Das Foto zeigt ein mit Eisenrädern und Laufringen ausgerüstetes Fahrzeug aus dem Jahr 1929.

den, technisch überlegenen und vielseitig verwendbaren Traktor. In der Entwicklung standen die Modelle A, B, C und D. Der Typ D setzte sich schließlich durch und ging 1923 als erster Traktor mit John-Deere-Namenszug an den Start. Während der solide Zweizylindermotor des Waterloo Boy unverändert übernommen wurde, wurden fast alle übrigen Konstruktionsmerkmale erheblich verändert. So wurde vom Fordson die rahmenlose Blockbauweise übernommen, bei der Motor und Getriebe eine selbsttragende Einheit bilden. Eine wesentliche Verbesserung stellte zudem das vollverkleidete Getriebe dar. Der mit 800 U/min langsam laufende Motor war mit einer

Thermosyphonkühlung ausgestattet, erzeugte 30,4 PS Leistung und konnte mit nahezu allen billigen Benzinsorten gefüttert werden. Das Getriebe hatte zwei Vorwärtsgänge. Gestartet wurde der D mit einem Schwungrad auf der linken Seite. Rechts befand sich die Riemenscheibe. Gegenüber seinem Vorgänger war er mit 1816 kg um rund 1000 kg leichter und daher weitaus wendiger. Von 1926 bis 1933 wurde das Modell D als „two-speed" mit zwei Geschwindigkeiten und von 1934 bis 1939 als „three-speed" mit einem

Seite 20: Blick auf die linke Fahrzeugseite mit Motor, Schwungscheibe und dem serienmäßig kurzen Auspuff. Um der Feuergefahr bei Drescharbeiten vorzubeugen, war auf Wunsch ein nach oben geführtes längeres Auspuffrohr erhältlich.

JOHN

Die Hinterräder in einer Seitenansicht mit Blick auf das weit hinten befind-liche Lenkrad und den Muldenschwingsitz.

Dreiganggetriebe gefertigt. In beiden Bauvarianten wurde ein auf 8206 ccm Hubvolumen gesteigerter Motor verwendet, der bei 900 U/min 42 PS erzeugte. Der Typ D entwickelte sich zu einem der erfolgreichsten John-Deere-Traktormodelle. Wie auch alle folgenden Zweizylindermodelle wurde der Traktor wegen

Eine Hinterachsnabe des Typs D.

seines knatternden Motorengeräuschs von seinen zahlreichen Verehrern liebevoll „Johnny Popper" genannt. Entsprechend beliebt war er bei den Farmern, die vor allem seine große Robustheit und Zuverlässigkeit schnell zu schätzten lernten. Während seiner 30-jährigen Produktionszeit wurde das Modell D nicht nur stetig verbessert und aktualisiert, sondern zudem in zahlreichen Bauvarianten – so für den Obst- und Weinanbau – hergestellt. Erst im Sommer 1953 verließen die letzten Exemplare die Werkstore.

Als der Marktführer International Harvester 1922 die Zapfwelle einführte und zwei Jahre später das Vierzylindermodell Farmall 15-30 Regular als ersten Breitspurtraktor mit zwei dicht nebeneinanderliegenden Fronträdern und einer großen Bodenfreiheit herausbrachte, hatte John Deere zunächst das Nachsehen und kam erneut in Zugzwang. Der neue Farmall war ein ausgesprochener Allzwecktraktor: Mit verschiedenen Arten von im Zwischenachsbereich angeordneten Kultivatoren eignete er sich nicht nur zur Bearbeitung von Reihenkulturen, sondern auch zum Pflügen, Mähen und als stationäre Kraftquelle. Für alle diese Arbeiten stand eine Vielzahl zweckmäßiger Anbaugeräte zur Verfügung. Der technisch gut durchdachte Regular war ein leichter Schlepper, der sich schnell zu einem Verkaufsschlager und damit neben dem Fordson-Modell zu einer weiteren Bedrohung für John Deere entwickelte. Bis 1932 wurden insgesamt 134.650 Einheiten verkauft. Für Deere & Company galt es, diesen Rückstand schnellstmöglich aufzuholen.

Als Antwort brachte das Unternehmen 1928 den Typ GP (General Purpose = Vielseitigkeits- oder Allzweckverwendung) heraus. Im Wesentlichen handelte sich dabei um das bereits im Jahr 1926 eiligst entwickelte Erprobungsmodell C. Ausgerüstet mit einem zunächst 20, wenig später 25 PS starken Zweizylindermotor und einem Dreiganggetriebe, war dieser Traktor zwar um einiges schwächer als der Typ D,

Die spatenbesetzten dreifachen Eisenräder sollten die Bodenpressung verringern. Die aufgeschraubten Laufringe sind nur auf dem ersten Satz erforderlich.

konnte dafür aber weitaus vielseitiger eingesetzt werden. Er besaß gleich vier Kraftabgabestellen: die Ackerschiene, die Riemenscheibe, die Getriebezapfwelle und eine neuartige mechanische Hebevorrichtung, mit der per Pedaldruck die Arbeitsgeräte gehoben und gesenkt werden konnten. Vom GP gab es sowohl eine Standard- als auch eine Dreiradausführung, die im Gegensatz zum Farmall aber nur über ein einzelnes Vorderrad verfügte. Mit dieser

als GP-WT (General Purpose Wide Tread) bezeichneten Bauvariante konnten drei Pflanzreihen gleichzeitig bearbeitet werden. 1932 wurde eine neue Ausführung des Reihenkultur- und Hackfruchtschleppers GP-WT mit geänderter Lenkung angekündigt. Bei diesem Fahrzeug wurde die zuvor seitlich befindliche Steuersäule – ähnlich wie bei der Ruderpinne eines Bootes – horizontal und völlig frei mittig oberhalb der Motorabdeckung zu einer Kegelschnecke geführt und

In der Perspektive links schräg von vorn ist die stabil ausgeführte Vorderachse des Modells D gut zu erkennen.

zu einer Frontsäule vor dem Kühler gelenkt. Dadurch konnte die jetzt gefederte und verstellbare Sitzposition des Fahrers erhöht und weiter nach vorn über die Hinterachse gerückt werden, wodurch die Sicht verbessert wurde. Bereits ein Jahr zuvor hatte man den Motor gegen ein geringfügig leistungsfähigeres Aggregat ausgetauscht. Die Breitspurausführung WT wurde bis 1933 gefertigt, der Bau des Standard-GP endete im Jahr 1935. Insgesamt wurden 30.535 Exemplare des Modells auf die Räder gestellt. Bei dieser verhältnismäßig geringen Stückzahl ist die 1929 einsetzende Weltwirtschaftskrise zu berücksichtigen, in deren Strudel auch die Traktorenproduktion einbrach. John Deere traf die Krise besonders hart, da das

Unternehmen seine Maschinen inzwischen hauptsächlich auf Kreditbasis verkaufte, dabei aber bestrebt war, die plötzlich und unverschuldet in Zahlungsnot geratenen Farmer nicht unter Druck zu setzen. Dass Deere & Company keinem zahlungsunfähigen Farmer den noch nicht bezahlten und als Existenzgrundlage benötigten Traktor wieder abnahm, trug maßgeblich dazu bei, das Ansehen des Unternehmens zu heben und treue Kunden zu gewinnen.

Seit 1932 wurde in der Konstruktionsabteilung von Deere & Company an einer neuen Schlepperbaureihe gearbeitet. Aus einer Testreihe verschiedener Prototypen ging schließlich das 1934 vorgestellte Modell A als Sieger hervor. Im Gegensatz zu den meisten Modellen

Dieser gut wiederhergerichtete eisenbereifte Typ D ist mit Gummiauflagen, verlängertem Auspuff und Luftfilter ausgerüstet. Hier die rechte Seite mit der Riemenscheibe.

der Konkurrenz wurde der mit einem viergängigen Schaltgetriebe ausgestattete Breitspurtraktor wiederum durch einen drehzahlschwachen Zweizylindermotor (Leistung: 25 PS bei 975 U/min) mit oben liegenden Ventilen fortbewegt. Das Getriebe hatte vier Vorwärtsgeschwindigkeiten und einen Rückwärtsgang. Vorhanden waren Getriebezapfwelle, Riemenscheibe sowie ein Kraftheber mit hydraulischem Antrieb. Letzterer entsprach allerdings nicht der Dreipunktkupplung von Ferguson: Die Konstruktion von Deere & Company war einfacher, denn mit ihr konnten die Anbaugeräte nur auf und ab bewegt werden. Eine Zugwiderstandsregelung war nicht vorhanden. Eine wesentliche Neuerung bestand in der Möglichkeit, die

Spur der Hinterräder mittels einer verstellbaren Radnabe auf der Achswelle mit nur wenigen Handgriffen zwischen 1422 und 2133 mm stufenlos zu verändern, sodass in zwei oder vier Reihen gearbeitet werden konnte. Auch beim Modell A wurde die Lenksäule über die Haube geführt und mündete vor dem Kühler in eine Frontsäule, welche die Lenkbewegungen auf die beiden eng zusammenliegenden Vorderräder übertrug.

Seit 1935 gab es die Bauvariante AN, die lediglich ein Vorderrad besaß. Kurz darauf folgte die Ausführung AW mit breiter, verstellbarer Vorderachse. Alle Modelle waren seither entweder mit Stahlrädern oder mit Gummibereifung erhältlich. 1937 ergänzten die luftbereiften Dreirad-Traktormodelle ANH und AWH

(H = High Crop) für den Einsatz bei hochgewachsenen Feldfrüchten das Deere-Verkaufsprogramm. Diese Modelle hatten größere Hinterräder und boten damit eine erhöhte Bodenfreiheit, um die hochgewachsenen Pflanzen in Reihen-, Beet- und anderen Sonderkulturen nicht zu beschädigen. Weiterhin gab es die Modellvarianten AR (R stand für Regular = normal, also mit Standard-Vorderachse) und AO für den Einsatz in Obstplantagen sowie den Typ AI mit werksseitig montierter Kabine und gelber Lackierung (betriebsintern wurde diese Farbe als Highway-Gelb bezeichnet) als Industrietraktor. Auch die A-Modellreihe erlebte im Laufe ihrer langen Produktionszeit zahlreiche Änderungen. Ab 1938 leistete ein hubraumstärkerer Motor 30 PS. Auf Wunsch gab es jetzt einen elektrischen Anlasser. Zwei Jahre später bekam der Traktor ein Schaltgetriebe mit sechs Vorwärtsgängen. Seit 1947 erzeugte der nun mit Benzin anstelle Kerosin betriebene Motor eine Leistung von 38 PS. Beleuchtungsanlage und elektrischer Anlasser waren jetzt serienmäßig. Als die Produktion 1952 auslief, waren 328.000 Traktoren dieser Reihe entstanden – eine Zahl, die besser als viele Worte dokumentiert, wie zufrieden die Farmer mit dieser einfachen, aber äußerst zuverlässigen Maschine waren.

Ab 1938 wurde das Aussehen der John-Deere-Traktoren Zug um Zug modernisiert. Denn die Deere-Modellpalette hatte sich seit 1923 äußerlich kaum verändert und war in die Jahre gekommen, während sich die Mitbewerber in ihren Entwürfen immer stärker an den flüssig geformten Vorbildern aus der Automobilindustrie orientierten. Um im harten Wettbewerb bestehen zu können, beauftragte das Unternehmen das Büro des erfolgreichen New Yorker Designers Henry Dreyfuss mit der äußeren Umgestaltung der gesamten Modellpalette. Der Einsatz von Industriedesignern war damals in den Vereinigten Staaten weit verbreitet. Er betraf viele Produkte – vom Lastwagen über Züge und

Lokomotiven bis hin zu Kühlschränken. Dreyfuss leistete gute Arbeit und überarbeitete die Linienführung der Traktoren gründlich, wobei er auch die damals noch kaum beachteten ergonomischen Gesichtspunkte berücksichtigte. Kühler sowie Front- und Lenksäule verschwanden unter einer formschönen, gleichzeitig aber funktionell und dynamisch wirkenden Blechverkleidung. Die schmale Motorhaube verbesserte die Sicht nach vorn und das Kühlerschutzgitter schützte den Kühler vor Verschmutzung. Die Modelle A und B waren die ersten Traktoren, bei denen das neue Design zum Tragen kam. Ihnen folgte 1939 der bewährte Klassiker Typ D. Die neu gestalteten Traktormodelle wurden seither als „styled", die unverkleideten Fahrzeuge in der Ursprungsausführung hingegen als „unstyled" bezeichnet.

Mit 306.000 gebauten Fahrzeugen kaum weniger erfolgreich als das Modell A war das nachfolgende Modell B, das sich von 1935 bis 1952 im Programm befand. Mit 16 PS Motorleistung war es gleichsam eine verkleinerte Ausführung des A, wobei sich beide Fahrzeuge fast zum Verwechseln ähnlich sahen. Der einfach zu handhabende B war vor allem für kleinere Farmen gedacht, die ihre Feldarbeit bisher noch fast ausschließlich mit Zugtieren bewältigt hatten. Ein zweiter wichtiger Bereich war der Einsatz als Zweitschlepper auf größeren Farmen. Es galt die Faustregel, dass ein A-Modell die Zugkraft eines Gespanns von sechs Pferden besaß und die Tagesleistung von acht bis zehn Pferden bewältigte. Der B hingegen entsprach mit seiner Zugkraft dem Leistungsvermögen von vier Pferden und schaffte die Tagesleistung von sechs bis acht Pferden. Ebenso wie der größere A besaß der Typ B einen thermosyphongekühlten, mit Kerosin betriebenen Zweizylindermotor und ein Vierganggetriebe, das später auf sechs Gänge erweitert wurde. 1937 stieg der Hubraum von 2400 auf 2900 ccm und die Leistung auf 18,5 PS bei 1150 U/min. Schon im

Das Modell D in einer zeitgenössischen Prospektzeichnung.

folgenden Jahr wurde ein neuer Motor mit 3100 ccm Rauminhalt installiert, der es bei Kerosinbetrieb bei 1250 U/min auf 24 PS und bei Benzinbetrieb infolge der größeren Kompression sogar auf 28 PS brachte. Außerdem kam nun auch dieses Schleppermodell in den Genuss der neuen gestylten Motorhaube. Ein großer Nachteil aber war, dass die Zwischenachs-Anbaugeräte der Modelle A und B anfangs nicht untereinander ausgetauscht werden konnten: Der Radstand des Typs B war zu klein. Nach Auslieferung von 41.134 B-Traktoren verlängerte Deere & Company den Rahmen ab 1937, womit dieses Problem beseitigt und die Austauschbarkeit gewährleistet war. Im Übrigen kamen die im Laufe der Bauzeit am A vorgenommenen Verbesserungen auch dem B zugute. Auch vom Typ B gab es zahlreiche Sondermodelle, zu diesen gehörten verschiedene von der Firma Lindeman

Manufacturing aus Yakima im US-Bundesstaat Washington zu Raupenfahrzeugen umgebaute und unter der Bezeichnung BO geführte Modelle.

Nachdem es gelungen war, die für kleinere und mittlere Betriebe konzipierten Modelle A und B erfolgreich am Markt einzuführen, entwickelte Deere & Company einen Traktor für Farmen mit großem Leistungsbedarf. Zugleich sollte dieser Traktor imstande sein, dem zunehmenden Personalmangel in der Landwirtschaft zu begegnen. 1937 erschien das Modell G als größerer Breitspurschlepper für Reihenkulturen im Verkaufsprogramm des Unternehmens. Der mit 6757 ccm wesentlich großvolumigere Motor war wiederum ein Zweizylinder mit oben liegenden Ventilen und lief mit Kerosin. Die Leistung des anfangs noch mit einer ein-

Seite 28: Das D-Modell im Schnittbild. Mit roter Farbe gekennzeichnet sind Ölsumpf, das Schmiersystem und alle durch Öl versorgten Motorteile.

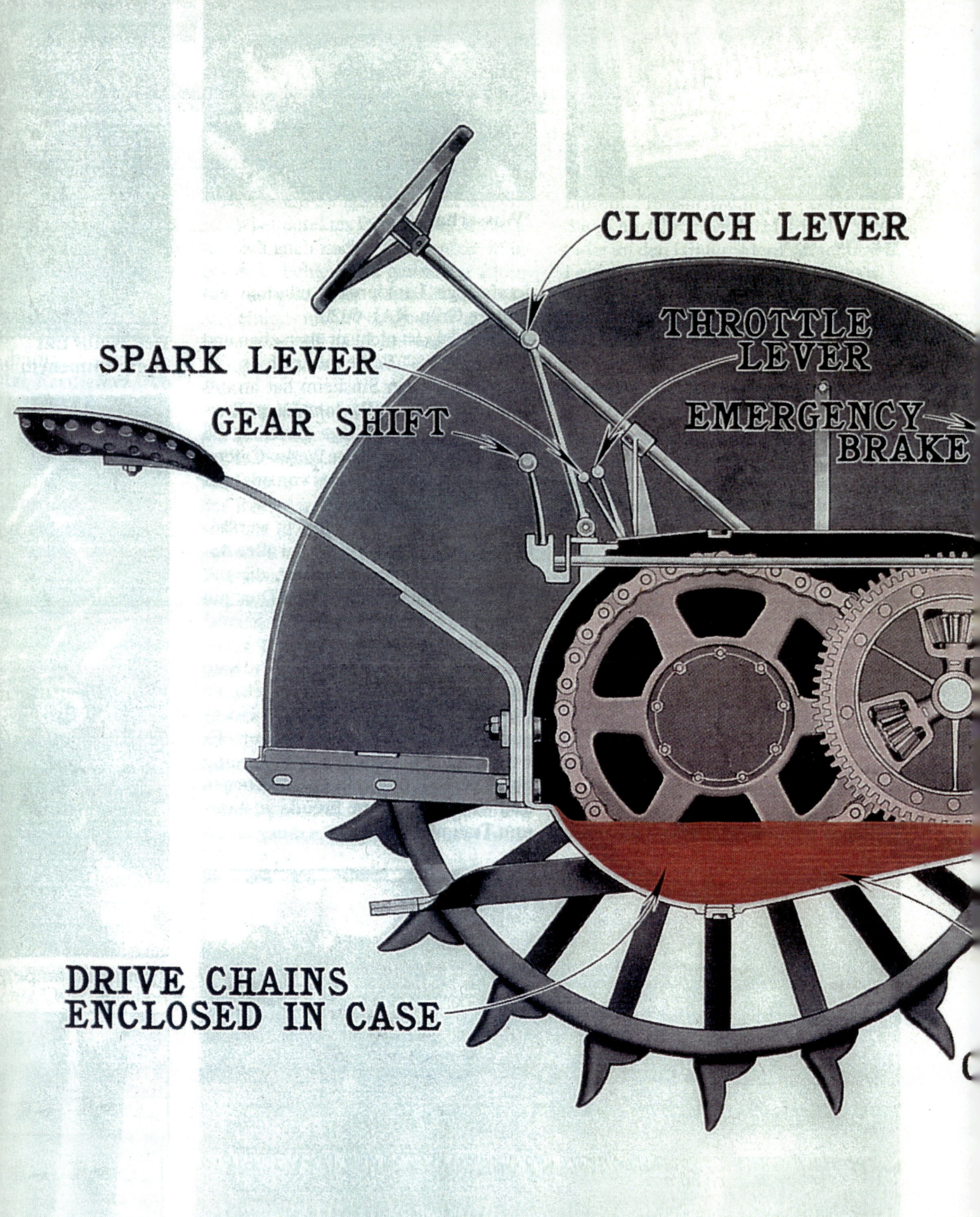

CLUTCH LEVER

THROTTLE LEVER

EMERGENCY BRAKE

SPARK LEVER

GEAR SHIFT

DRIVE CHAINS
ENCLOSED IN CASE

FAN SHAFT

L DICATOR

JOHN DEE

REMOVABLE
OIL STRAINER

TAPPET
COVER

RESERVOIRS

Seit 1939 wurde das Modell D in der neuen Dreyfuss-Verkleidung ausgeliefert. Hier ein 1947 gebautes Exemplar, das mit 42-PS-Motor, Dreiganggetriebe sowie elektrischer Beleuchtung und Anlasser ausgerüstet ist.

fachen Thermosyhonkühlung ausgerüsteten Aggregats betrug zunächst 36, später 38 PS bei 975 U/min. Da dieses geschlossene Kühlsystem lediglich durch den Gewichtsunterschied von kaltem und warmem Wasser funktionierte, erwies es sich im Dauerbetrieb vielfach als unzureichend, was verschiedentlich zu Motorüberhitzungen führte. Nach Auslieferung von 4238 Traktoren wurde ab 1938 eine Wasserpumpe eingebaut, die für Abhilfe sorgte. Aufgrund des größeren Motors erhielt das G-Modell einen breiteren Rahmen als der Typ A. Im G arbeitete ein Viergang-getriebe, das man 1942 durch eine sechsgängige Ausführung ersetzte. Zeitgleich erfolgte der Bau des nun als GM bezeichneten Schleppers in der gestylten Ausführung. Seit 1947 wieder unter G geführt, blieb

der Traktor bis 1952 im Programm. In der Gesamtstückzahl kam er auf 64.000 Einheiten. Serienmäßig war er mit einer Zapfwelle ausgerüstet, die Hydraulik gab es gegen Mehrpreis. Auch vom G gab es mehrere Bauvarianten, wobei der Breitspurtraktor und die Ausführung mit Standard-Vorderachse am häufigsten verkauft wurden. Die Luftbereifung lief der eisenbereiften Ausführung schnell den Rang ab. Der große Gummibedarf während des Zweiten Weltkriegs zwang den Hersteller jedoch dazu, zeitweise wieder auf Stahlräder zurückzugreifen. Mithilfe eines Umbausatzes ließ sich der Motor auf Benzinbetrieb umrüsten und auf beachtliche 50 PS steigern. Aber auch der kerosinbetriebene G war stark genug, um sowohl einen Dreischarpflug über schwerste Böden zu ziehen

Der von 1924 bis 1932 produzierte Farmall 15-30 Regular von International Harvester war ein wegweisender Breitspurschlepper für universelle Verwendung.

als auch große Anbauflächen zu bearbeiten. Bis zur Vorstellung des dieselgetriebenen Typs R im Jahr 1947 war der G das Spitzenmodell von Deere & Company und zugleich der stärkste Row-Crop-Schlepper, den es in den Vereinigten Staaten zu kaufen gab.

Das nächste Modell war leistungsmäßig unterhalb des Typs B angesiedelt. Gefordert wurde ein Traktor, der in Anschaffung und Betrieb so preiswert sein sollte, dass ihn sich selbst kleinste Farmer leisten konnten. Der mit spitzem Bleistift kalkulierte Listenpreis ergab einen Betrag von nur 517 US-Dollar. Nach Fertigung verschiedener in kleinen Stückzahlen gebauter Vorserienfahrzeuge entstand im August 1937 das Modell L. Im Gegensatz zum übrigen Bauprogramm war dieser Kleinschlepper mit einem stehenden Zwei-

zylinder-Vergasermotor mit Thermosyphonkühlung für Benzinbetrieb ausgeführt. Der Motor hatte 1100 ccm Hubraum, leistete 10,5 PS bei 1550 U/min, besaß ein Dreiganggetriebe und wog ganze 687 kg. Zunächst trieb ihn ein Aggregat des Herstellers Hercules an, das 1941 durch einen nahezu baugleichen Motor aus dem eigenen Haus ersetzt wurde. Erstmals in der John-Deere-Schleppergeschichte war dieses Modell ausschließlich mit Luftbereifung erhältlich. Seit 1940 wurde parallel zum Modell L der serienmäßig mit einer Getriebezapfwelle ausgestattete Typ LA angeboten. Mit einer Drehzahlerhöhung auf 1850 U/min kam er auf eine Leistung von 14,5 PS. Die L-Schlepper waren die kleinsten jemals von Deere & Company gebauten Traktoren und auch die einzigen Schlepper, die im

Mit dem seit 1928 lieferbaren Modell GP (General Purpose) konnte Deere & Company mit dem Farmall gleichziehen. Das Bild zeigt einen 1931 gebauten stahlbereiften Breitspurschlepper GP-WT (Wide Thread) mit seitlicher Lenkung.

Stammwerk Moline und nicht im früheren Waterloo-Werk in Iowa fabriziert wurden. Beide Modelle waren mit 13.365 gefertigten Einheiten nicht sonderlich erfolgreich und wurden daher 1946 aus dem Verkaufsprogramm genommen.

Nach der 1937 erfolgten leistungsmäßigen Aufwertung des Modells B auf 18,5 PS klaffte zwischen ihm und dem Typ L eine Lücke im Verkaufsprogramm. Noch im selben Jahr entstand daher im Werk Waterloo das Modell H, das wieder mit dem bewährten liegenden Zweizylinder-Vergasermotor mit Thermosyphonkühlung und 1600 ccm Hubraum versehen war. Mit einer Leistung von 14,84 PS bei 1400 U/min schloss dieser Schlepper die bestehende Lücke. Der handliche Traktor besaß ein Eigengewicht von 1376 kg, war

mit einem Dreiganggetriebe bestückt und erreichte mit 9,2 km/h seine maximale Geschwindigkeit. Durch ein fußbetätigtes Pedal ließ sich die Höchstgeschwindigkeit auf 12 km/h bei 1800 U/min steigern. Der Löwenanteil der rund 60.000 bis 1946 gefertigten Traktoren entfiel auf die Ausführung mit zwei dicht nebeneinandermontierten Vorderrädern. Weitere, allerdings nur in kleinen Stückzahlen gebaute Varianten waren die Ausführungen HNH mit einem Einzel-Vorderrad und verstellbarer Hinterachse sowie der Typ HWH als High-Crop-Modell mit breiter Vorderachse. Letzteres Modell wurde hauptsächlich für den Markt in Kalifornien produziert. Insgesamt verkaufte sich das H-Modell recht zufriedenstellend, wozu der günstige Preis von 650 US-Dollar sicherlich nicht unwesentlich beitrug.

Der GP-Breitspurschlepper von vorn. Am Steuer sitzt sein Besitzer Hubert Mawet aus Belgien.

Nach Ende des Zweiten Weltkriegs waren alle Traktorenhersteller bestrebt, ihre Angebotslisten mit weiteren Modellen zu ergänzen. John Deere bildete da keine Ausnahme und ersetzte die Modelle H, LA und L durch den Typ M, der als Gegenstück zum Ford-Ferguson 9 N gedacht war. Zu diesem Zweck wurde in Dubuque am Mississippi im Bundesstaat Iowa ein neues Werk eröffnet, in dem der Typ M hergestellt werden sollte. Dieses Werk wurde fortan der Standort für den Bau kleinerer Traktoren. 1947 begann die Produktion des Typs M, eines relativ niedrig gebauten Allzwecktraktors mit verstellbaren Achsen. Der bis 1952 gefertigte und für den universellen Einsatz auf kleineren Farmen vorgesehene M bekam einen neuen, stehend ausgeführten Zweizylinder-Vergasermotor für

Benzinbetrieb mit 1600 ccm Hubraum und 20,45 PS Leistung bei 1650 U/min Drehzahl. Das Viergang-Schaltgetriebe reichte bis maximal 16 km/h. Der gegenüber dem Typ H um rund 200 kg leichtere M wartete mit zahlreichen Verbesserungen auf. Neben einer neuen Elektrik ermöglichte das „Touch-O-Matic-Hydrauliksystem" in Verbindung mit dem „Power-Trol-System" die Bedienung der Anbaugeräte vom Fahrersitz aus und eine genaue Kontrolle der Hubwelle, während die „Roll-O-Matic" die Schläge ausglich, die sich die beiden nebeneinandermontierten Vorderräder beim Einsatz gaben. Bei allen M-Modellen gehörte die Getriebezapfwelle zur Standardausrüstung. Der M wurde ebenfalls in zahlreichen Ausführungen hergestellt. Mit 45.799 Einheiten am häufigsten gebaut wurde der Vierradtraktor M mit Standard-Vorderachse, gefolgt vom Breitspurschlepper MT mit 30.472 Fahrzeugen. Die Ausführung MTN mit einem einzelnen Vorderrad, die Variante MTW mit verstellbarer Vorderachse sowie der Industrieschlepper MI traten stückzahlmäßig nur wenig hervor. Eine ungleich größere Bedeutung erlangte die 1882 kg schwere Raupenausführung MC, für die ein großer Bedarf nicht nur auf schweren und wenig tragfähigen Böden in der Landwirtschaft, sondern auch im Bauwesen bestand. Dieses Modell ersetzte den Typ BO-L. Der MC war mit der Touch-O-Matic und anpassbaren Laufwerksbreiten ausgerüstet. Da die Firma Lindeman mittlerweile zu Deere & Company gehörte, kann man den MC als den ersten echten John-Deere-Kettenschlepper bezeichnen. Zwischen 1949 und 1952 entstanden von ihm 10.509 Fahrzeuge. Von den M-Traktoren wurden von 1947 bis zu ihrer Herausnahme aus dem Programm 1952 insgesamt rund 88.000 Stück gefertigt – ein hervorragendes Ergebnis.

In der zweiten Hälfte der 1930er-Jahre zeichnete sich immer deutlicher der Bedarf für einen großen Schlepper im oberen Leistungsbereich ab, weil die

Das Modell D war der erste Traktor, der den Namenszug „John Deere" trug. Das Foto zeigt den oberhalb des Kühlerschutzgitters angebrachten Schriftzug.

amerikanischen Farmen in dieser Zeit zunehmend großflächiger wurden. Größere Anbauflächen erforderten folglich leistungsstärkere Traktoren, die größere Pflüge und Anhängegeräte bewältigen und schneller bewegen konnten, ohne dabei überlastet zu werden. Ebenso wie viele andere Traktoranbieter reagierte auch die Konstruktionsabteilung von Deere & Company auf diesen Bedarf und startete 1935 mit den Entwicklungsarbeiten für ein entsprechendes Modell.

Parallel dazu begannen Experimente mit verbrauchsgünstigen Dieselmotoren. Infolge des Zweiten Weltkriegs mussten die Arbeiten teilweise zurückgestellt werden. Trotzdem wurden ab 1940 die ersten Versuchstraktoren hergestellt und erprobt. Da man mit den Testergebnissen der Fahrzeuge noch nicht vollends zufrieden war, kamen 1947 acht weitere Prototypen hinzu. Diese wurden eingehend und umfassend getestet, bis die Bauausführung schließlich

deutsamer aber war, dass es von einem Dieselmotor angetrieben wurde. Damit übernahm Deere & Company eine Vorreiterrolle für diese Antriebsart auf dem amerikanischen Markt. Trotz des großen Hubraums wurde wieder ein klassischer Zweizylindermotor mit oben liegenden Ventilen eingebaut, der mit 6814 ccm Rauminhalt aber größer war als jeder andere Deere-Motor bisher. Er besaß eine Umlaufkühlung mit Wasserpumpe und leistete 43,5 PS bei 1000 U/min. Das Aggregat konnte allerdings nicht direkt gestartet werden, sondern benötigte für diesen Vorgang einen kleinen benzingetriebenen Hilfsmotor, mit dem der Hauptmotor vorgewärmt und elektrisch in Gang gesetzt wurde. Nach der Warmlaufphase wurde der Motor nach Art der Halbdieselmotoren, mit denen die deutschen Lanz-Traktoren der ersten Nachkriegsjahre ausgestattet waren, auf wirtschaftlicheren Dieselbetrieb umgestellt. Der Kraftstoffverbrauch des neuen Dieselmotors war beeindruckend niedrig. Im Vergleich zu dem immer noch gebauten Typ D konnte das Modell R doppelt so schnell arbeiten, verbrauchte aber nur halb so viel Kraftstoff. Auch mit vergleichbaren Traktormodellen der amerikanischen Mitbewerber schnitt das Modell R in punkto Sparsamkeit außergewöhnlich gut ab. Der 3356 kg schwere Traktor war mit einem neu konstruierten Fünfganggetriebe ausgestattet, das für eine Maximalgeschwindigkeit von 18,5 km/h ausgelegt war. Neben einer leistungsstarken Hydraulik und der obligatorischen Riemenscheibe besaß er als erster Deere-Schlepper eine unabhängige Zapfwelle mit separater Kupplung (Motorzapfwelle), die auch die Hydraulik antrieb. Gegen Aufpreis war erstmals auch eine geschlossene Ganzstahl-Fahrerkabine lieferbar. Mit einem Listenpreis von 3650 US-Dollar war der Typ R das bis dahin teuerste John-Deere-Modell. Das bis September 1954 in 21.293 Einheiten gebaute Fahrzeug entstand im Werk Waterloo. Es war das letzte Traktormodell der Buchstaben-Reihe und gleichzeitig ihr krönender Abschluss.

als serienreif eingestuft wurde. Eines dieser Fahrzeuge ging sogar nach Argentinien, wo man es mehr als 4000 Stunden lang auf Herz und Nieren prüfte.

Im Juni 1948 wurde der unter der Typenbezeichnung R geführte John-Deere-Traktor auf einer Verkaufssitzung im kanadischen Winnipeg der Öffentlichkeit vorgestellt. Das äußerst zugstarke Fahrzeug war in der Lage, einen fünfscharigen Pflug auch unter ungünstigen Bodenverhältnissen zu bewältigen. Noch be-

Auch auf den Hinterachsen der GP-Traktoren prunkte der Schriftzug „John Deere".

Seite 36: Ein 1929 gebauter, später auf Luftbereifung umgerüsteter GP als Standardtraktor mit Speichenrädern.

*Seite 40: Die 1932 erstmals angebotenen A-Modelle entwickelten sich zu-
sammen mit dem kleineren Typ B zu den meistverkauften Traktoren von
John Deere. Hier ein luftbereifter Dreiradschlepper A in der unverkleideten
Ausführung des Jahres 1935.*

Seit 1938 kam der Typ A in den Genuss der neuen gestylten Verkleidung. Das Bild zeigt die linke Fahrzeugseite eines luftbereiften Breitspurtraktors aus dem Jahr 1942 mit Muldenschwingsitz.

Ansicht des Typs A von der rechten Seite, an der die Riemenscheibe montiert ist.

Ein schön restauriertes gestyltes Modell A mit elektrischer Beleuchtung und Komfortsitz.

Ein Breitspurmodell A aus dem Jahr 1940 mit elektrischer Beleuchtung und Hinterradkotflügeln.

Ein wunderschön wiederhergerichteter Typ B aus dem Jahr 1935 mit schmalen Skelett-Hinterrädern. Restaurateur und Besitzer ist Hubert Mawet aus Belgien.

Die großen, schmalen Hinterräder dieses Breitspurschleppers waren vor allem für feste Böden geeignet.

Dieser unverkleidete Breitspurtraktor des Typs B wurde 1935 gebaut und später mit Luftbereifung nachgerüstet. Hier die linke Fahrzeugseite mit dem Schwungrad.

Der Breitspurtraktor von der rechten Seite, auf der sich die Riemenscheibe befindet.

Ein verkleidetes Modell B aus dem Jahr 1943. Auch dieses Fahrzeug stammt aus der Sammlung von Hubert Mawet.

Ein weiterer gestylter Breitspurtraktor des Typs B mit Luftbereifung und hinteren Speichenrädern.

Seite 50: Sehr filigran und zerbrechlich wirkt dieses 1939 gebaute, schön restaurierte Reihenkultur-Modell BW mit seinen Skelett-Hinterrädern und der festen Vorderachse in Standardbreite.

Die ab 1935 gefertigte Bauvariante BR war die Standardtraktor-Ausführung des Typs B. Bei diesem Modell konnte der Kunde zwischen Luft- und Eisenbereifung wählen. Hier ein luftbereiftes Fahrzeug von 1942.

Die Firma Lindeman in Yakima/Washington fertigte auf der Basis des John-Deere-Modells B einen unter der Typenbezeichnung BO geführten kleinen Kettenschlepper. Das Foto zeigt ein 1943 gebautes Exemplar.

Ein Exemplar der Baureihe BR in einer Ansicht rechts von hinten. Beachtenswert sind die weit heruntergezogenen Hinterradkotflügel und der nach hinten ragende Stahlschwingsitz.

Diese Lindeman-BO-Raupe entstand 1947, dem letzten Produktionsjahr des Kettenschleppers.

Um Motorüberhitzungen vorzubeugen, wurde das Kühlsystem des G seit 1938 durch eine Wasserpumpe verstärkt.
Das Foto zeigt ein tadellos restauriertes Fahrzeug von 1947.

Seite 54: Im Jahr 1937 stellte Deere & Company das Modell G vor. Mit 36 PS
war es das bis dahin leistungsstärkste Modell dieses Traktorherstellers. Erst
1942 wurde auch der G in der aktualisierten Formgebung ausgeliefert. Der
hier abgebildete Traktor stammt aus dem Jahr 1947.

Der seit 1937 angebotene Typ H war ein ausgesprochener Kleinschlepper mit knapp 15 PS Motorleistung und Dreiganggetriebe.
Bis zur Einstellung der Fertigung im Jahr 1947 brachte er es auf ansehnliche Verkaufszahlen.

Seite 58: Ebenfalls aus der Hand des berühmten Produktdesigners Henry Dreyfuss stammt das Erscheinungsbild der winzigen Traktoren der Reihen L und LA. Hier ein Exemplar des ab 1940 gefertigten Kleintraktors LA aus dem Jahr 1941.

Der Kleintraktor LA in einer Seitenansicht. Das einfach konstruierte Fahrzeug besaß im Gegensatz zu dem etwas zu leichtgewichtigen Modell L einen Rahmen aus Vollmaterial sowie Gusseisenfelgen.

1949 kam die unter der Bezeichnung MT geführte Dreiradausführung des M auf den Markt. Der im selben Jahr gebaute abgebildete Traktor besitzt eine Anlass- und Beleuchtungsanlage sowie gerade Stehbleche an den Hinterrädern.

Das von 1947 bis 1952 gebaute Modell MC war die Raupenausführung des M und gleichzeitig der erste echte John-Deere-Raupenschlepper, da die Firma Lindeman Ende 1946 von Deere & Company gekauft worden war. Die kleine Raupe hatte 21 PS und wurde bis 1952 gebaut.

Die MC-Raupe in einer Seitenaufnahme.

Seite 64: Erst nach dem Zweiten Weltkrieg konnte ein schon seit Mitte der 1930er-Jahre geplantes schweres Schleppermodell mit Dieselantrieb bei John Deere verwirklicht werden. 1949 kam schließlich das Modell R auf den Markt, das sogleich zu einem Verkaufserfolg avancierte.

Dieser 1949 entstandene Deere-Traktor des Typs R ist schon an seinem Blumenschmuck als in der Schweiz beheimatetes Fahrzeug erkenntlich.

Fast besser als neu: Vorbildlich hat sein holländischer Besitzer diesen Typ R aus dem Jahr 1952 wiederhergerichtet.

Das Produktionsprogramm der Nummern-Reihe

Ab 1952 wurden die neuen Deere-Modelle nicht mehr mit Buchstaben, sondern mit zweistelligen Nummern bezeichnet. Der abgebildete Typ 40 war der Nachfolger des Modells M. Von dem 25-PS-Schlepper ist hier die Standardversion zu sehen.

Im Jahr 1952 stellte Deere & Company die Traktorenbezeichnungen auf ein numerisches Zehnersystem um. Das erste dieser 10er-Modelle war ab März 1952 der Typ 60, der an die Stelle des A trat. Vier Monate später folgte das Modell 50 für den Typ B. 1953 kam die weiterhin in Dubuque in Iowa gebaute M-Familie an die Reihe, die zum Typ 40 wurde. Die fünf unterschiedlichen Bauvarianten der M-Reihe wurden beibehalten, waren aber nun unter anderen Modellbezeichnungen lieferbar. So gab es den Typ 40 in den Ausführungen S wie Standard, U wie Mehrzweck (Utility), T wie Dreirad (Tricycle), H wie hohe Bodenfreiheit

(High-Crop) und C wie Raupenschlepper (Crawler). Im Übrigen war der Typ 40 C das einzige Fahrzeug innerhalb der gesamten Schlepperreihe, von dem es eine Raupenausführung gab. Der bis 1956 produzierte Typ 40 konnte gegenüber dem M mit zusätzlicher Leistung aufwarten und verfügte jetzt über einen stehend ausgeführten, wassergekühlten, mit einem Doppelvergaser versehenen Zweizylindermotor mit 1600 ccm Hubvolumen, der entweder für Benzin- oder für Vielstoffbetrieb eingerichtet war. Die Leistung betrug 25 PS bei Benzinbetrieb und 21 PS in der Vielstoffausführung, jeweils bei 1850 U/min. Der Traktor besaß ein Vier-

Das Foto zeigt die unter der Variante T (= Tricycle) geführte Dreiradausführung des Modells 40. Das Fahrzeug entstand 1953.

ganggetriebe sowie eine komplette Beleuchtungsanlage und wog 1247 kg. Erstmals mit dem Modell 40 bekam ein John-Deere-Traktor eine hydraulische Dreipunktkupplung nach dem System Ferguson. Nachdem die Ferguson-Patente ausgelaufen waren, durften alle Mitbewerber dieses System frei nutzen. Das Zubehörprogramm des 40er enthielt etwa 20 Dreipunkt- und vier Zwischenachs-Anbaugeräte. Der 40er war das kleinste Modell innerhalb der neuen Reihe und erreichte gegenüber den größeren Fahrzeugen mit etwa 18.000 Einheiten nur mäßige Verkaufserfolge.

Das Modell 50 trat im Juli 1952 als Nachfolger des B an. Ursprünglich hatte man vorgesehen, dieses Fahrzeug als einen verbesserten Typ B einzustufen, aber letztlich entschloss man sich doch zum vollständigen Ersatz des B durch diese Bauausführung. Er entstand in Waterloo, wie auch die übrigen Modelle mit Ausnahme des Typs 40. Anstelle des beim B verwendeten Pressstahl-Rahmens war der Typ mit einem Gussrahmen und einer einteiligen Motorhaube ausgerüstet. Die neue Zahnstangen-Hinterachse hatte an Breite zugenommen, und um die Spurweite stufenlos zu verstellen, benötigte man nur noch einen einzigen Schrau-

Die Breitspurausführung des Typs 40 mit doppelten Vorderrädern, Muschelkotflügeln, elektrischer Beleuchtung und Startanlage.

benschlüssel. Der liegend konstruierte 3100-ccm-Doppelvergaser-Zweizylindermotor, dessen Umlaufkühlung mit einer Wasserpumpe funktionierte, leistete 31 PS bei 1250 U/min. Er war entweder für Benzin-, Vielstoff- oder LP-Gasbetrieb eingerichtet. Der LP-Gasbetrieb war für Traktorenbesitzer, die in der Nähe von Raffinerien wohnten, eine preisgünstige Alternative. In das 2202 kg schwere Traktormodell war ein Sechsganggetriebe installiert. Der Kraftstofftank wurde vergrößert, die Power-Trol-Hydraulik verstärkt und der Hebel zur Geschwindigkeitsregulierung sowie das Kupplungspedal verlängert. Auf Wunsch gab es anstelle der Getriebe- eine Motorzapfwelle mit Zweifachkupplung. Ebenfalls optional waren Kotflügel, verschiedene Vorder- und Hinterradgewichte, verschieden große Hinterräder und die Auspuffführung nach hinten. Das 50er-Modell war für den Einsatz in Reihenkulturen vorgesehen und konnte mit verschiedenen Vorderrädern ausgestattet werden. Es kostete 2011 US-Dollar in der Grundausrüstung. Bis zur Einstellung der Produktion im Jahr 1956 verließen mehr als 32.574 Schlepper, davon allein 29.746 für Vergaserbetrieb, die Fertigungsbänder.

Das erste Modell der Deere-Nummern-Reihe war der Typ 60, der ab März 1952 an die Stelle des Modells A trat. Auch dieser Entwurf sollte ursprünglich weiter unter Typ A geführt werden, bevor sich die Geschäftsleitung zur Einführung der Nummern-Serie entschied. Zum Antrieb des mit einem Sechsganggetriebe ausgerüsteten Traktors diente ein wassergekühlter Zweizylindermotor liegender Bauart mit Duplexvergaser. Dieser hatte einen Hubraum von 5258 ccm und leistete 41 PS bei 1115 U/min. Wiederum gab es eine Ausführung für Benzin-, Vielstoff- oder LP-Gasbetrieb. Die technische Ausstattung des Fahrzeugs entsprach im Wesentlichen der des Typs 50 und die Anbaugeräte waren untereinander austauschbar. Neben der Reihenkultur-Ausführung gab es vom Modell 60 eine Standardvariante sowie ein Fahrzeug für Obstplantagen. Von diesem Traktor, der für 2500 US-Dollar angeboten wurde, entstanden insgesamt 57.300 Stück.

Als Ersatz für das Modell G kam im März 1953 der Typ 70 auf den Markt. In der Hierarchie der Nummern-Serie war der 70er das zweitstärkste Fahrzeug. Gegenüber seinem Vorgänger war die durch verbesserte Motorentechnik erreichte Leistungssteigerung bemerkenswert. Der für einen Vier- oder Fünfscharp-

Der von 1952 bis 1956 produzierte Typ 50 war ein Modell mit Sechsganggetriebe. Hier ein gut restauriertes Dreiradfahrzeug für den Reihenanbau.

flug ausgelegte Traktor war mit einem Sechsganggetriebe bestückt. Auch bei ihm gelangte ein liegender Zweizylinder-Doppelvergasermotor mit Wasserkühlung in unterschiedlichen Baugrößen zum Einbau. So besaßen sowohl der Vergaser- als auch der LP-Gas-Motor 6200, der Vielstoffmotor 6757 ccm Rauminhalt. Die Leistungen variierten zwischen 50 PS bei Benzinbetrieb, 45 PS als Vielstoffmotor und 52 PS bei der LP-Gas-Ausführung. Alle drei Motorversionen arbeiteten bei einer Drehzahl von 975 U/min. Im September 1954 kam als vierte Bauvariante ein Dieselmotor hinzu, der einen Hubraum von 6100 ccm aufwies und 52 PS bei 1125 U/min leistete: Es war John Deeres erstes Reihenkultur-Modell, das mit Die-

selantrieb erworben werden konnte, und verkaufte sich ganz hervorragend. Der Motor war wiederum als Halbdiesel ausgeführt und musste durch einen kleinen Vergasermotor gestartet werden. Die Dieselausführung war mit 2952 kg deutlich schwerer als die drei anderen Motorausführungen, die jeweils 2737 kg auf die Waage brachten. Alle Motorausführungen gab es für die drei Bauvarianten: als Reihenkultur-, Standard- und High-Crop-Schlepper. Zusatzausrüstung und Gerätezubehör ähnelten dem Modell 60. Die Standardausführung war mit einer fünffach verstellbaren Vorderachse ausgerüstet. Zur aufpreispflichtigen Zusatzausstattung gehörten Servolenkung, unabhängige Zapfwelle, Power-Trol-Hydraulik, die Dreipunktauf-

Das Modell 70, das im März 1953 den Typ G ersetzte, war mit über 50 PS ein starker Traktor. Das Bild zeigt ein 1955 gebautes Fahrzeug in der Reihenkultur-Ausführung.

Links: Der vorn zwillingsbereifte Breitspurtraktor Typ 70 von vorne. Ab September 1954 gab es dieses Modell auch mit Dieselmotor.

hängung sowie ein Traktormeter, auf dem Fahrgeschwindigkeit und Betriebsstunden ablesbar waren. In der Grundausrüstung waren für den 70er 2800 US-Dollar zu zahlen. Nach 43.000 gefertigten Einheiten lief im Juli 1956 der letzte 70er-Traktor vom Band, der anschließend durch das Modell 720 ersetzt wurde.

Erst mit dem Erscheinen des Typs 80 im Juni 1955 konnte das Modell R als letztes Fahrzeug der Buchstaben-Reihe aufs Altenteil gehen. Den 80er gab es ausschließlich als Diesel und in der Ausführung als Standardschlepper. Die Leistung des liegenden 7700-ccm-Zweizylinders war durch Drehzahlsteigerung von 1000 auf 1125 U/min und optimierte Motorentechnik auf 67,6 PS gestiegen, der Leistungszuwachs gegenüber dem R damit erheblich. Auch dieses Aggregat benötigte einen kleinen, in V-Bauweise konstruierten Vierzylinder-Anwurfmotor. Die Kraftübertragung besorgte ein Schubradschaltgetriebe mit sechs Vorwärtsgängen. Das Zubehör des Modells 80 entsprach im Wesentlichen dem der Typen 60 und 70, war allerdings stärker dimensioniert. Es war das damalige Spitzenmodell von Deere & Company, das allerdings auch seinen Preis hatte: Beachtliche 4200 US-Dollar muss-

te der Erwerber für diesen 3560 kg schweren grundausgerüsteten Schlepper auf den Tisch legen. Trotzdem war die Nachfrage so groß, dass in dem kurzen Angebotszeitraum bis November 1956 rund 3.500 Stück verkauft wurden. Dies war ein untrügliches Zeichen dafür, dass in den USA aufgrund der großflächig strukturierten Landwirtschaft der Bedarf nach immer stärkeren Traktoren stetig zunahm.

Kaum waren die Verkäufe der Nummern-Reihe, deren Komplettierung sich über drei Jahre hinzog, richtig angelaufen, wurde in der Konstruktionsabteilung von John Deere bereits an der zweiten Generation gearbeitet. Die neuen Traktoren sollten nicht nur stärker, sondern in ihrer Ausrüstung – zum Beispiel bei der Hydraulik – technisch weiter optimiert werden. Der Hauptgrund für die Überarbeitung lag in dem beständig steigenden Leistungsbedarf der Fahrzeuge. Das Ziel war ein Leistungszuwachs von 20 Prozent. Die nunmehr dreistelligen Typenbezeichnungen erhielten daher eine „20" am Ende. Ende 1955 ging die aus sechs neuen Modellen bestehende Traktorreihe an den Start und war bis Juni des folgenden Jahres komplett. Erst dann wurde eine neue Lackierung mit einem beidseitig an der Motorhaube und an der vorderen Verkleidung heruntergeführten gelben Streifen eingeführt.

Das Einstiegsmodell war der in Dubuque gefertigte Typ 320, der aus dem Zweizylinder-Vergasermotor mit 25 PS des Typs 40 und dem Vierganggetriebe des M bestand. Von ihm gab es zwei Ausführungen: das Standardmodell S und den mit nach hinten geleitetem Auspuff ausgeführten Allzwecktraktor U, der aufgrund seiner niedrigeren Bauhöhe besonders häufig in Obstplantagen eingesetzt wurde. Von dem bis 1958 ausschließlich für Benzinbetrieb und zum Preis von 1900 US-Dollar angebotenen Modell 320 entstanden lediglich 3083 Fahrzeuge.

Das nächste Fahrzeug innerhalb der neuen Reihe war der Typ 420, der an die Stelle des Modells 40 trat. Dieser bereits im November 1955 vorgestellte und gleichfalls in Dubuque gebaute Traktor hatte einen

1956 erschienen sechs neue John-Deere-Schlepper mit dreistelliger Typenbezeichnung, jeweils mit einer 20 am Ende. Das mit 75,6 PS leistungsstärkste Modell war der nur mit Dieselantrieb lieferbare Typ 820.

Bereits 1958 wurde die 20er-Reihe durch die wiederum aus sechs Fahrzeugen bestehende 30er-Serie ersetzt. Der Typ 630 – hier ein Breitspurschlepper aus dem Jahr 1959 – lag mit 48,7 PS leistungsmäßig im Mittelfeld.

Zweizylindermotor mit 1900 ccm Hubvolumen, bei dem wiederum zwischen verschiedenen Motorausführungen gewählt werden konnte. Die Benzinausführung leistete durch die höhere Verdichtung und den verbesserten Vergaser 29,2 PS bei 1850 U/min. Serienmäßig besaß dieser Traktor ein Schaltgetriebe mit vier Vorwärtsgängen. Auf Wunsch war auch eine Fünfgangausführung sowie eine Reversiereinrichtung lieferbar. Das für einen zwei- oder dreischarigen Pflug konzipierte Modell 420 blieb bis 1958 in den Verkaufslisten und stand mit 55.000 gebauten Fahrzeugen stückzahlmäßig einsam an erster Stelle der 20er-Reihe.

Es folgte der in Waterloo montierte Typ 520, der mit seinem 3100-ccm-Zweizylindermotor mit 38,6 PS stark genug war, um mit einem Dreischarpflug tiefzupflügen. Für dieses Nachfolgemodell des Typs 50 standen ebenfalls die bekannten mit unterschiedlichen Betriebsstoffen zu betreibenden Motorausführungen zur Auswahl. Der mit einem Sechsganggetriebe ausgerüstete Traktor war nur als Reihenkultur-Maschine lieferbar und hatte 2249 kg Eigengewicht. Sein Verkaufspreis betrug 2300 US-Dollar. Er wurde nur in 13.000 Einheiten produziert, vermutlich deshalb, weil es von ihm keine weiteren Bauvarianten gab.

Der Typ 730 entwickelte sich zum meistverkauften Fahrzeug der 30er-Reihe. Das Foto zeigt die Reihenkultur-Ausführung des Modells. Es war das größte Fahrzeug, das John Deere für diesen Zweck baute.

Mit 48,7 PS bei einer Drehzahl von 1125 U/min in der Benzinausführung wartete der wassergekühlte Zweizylindermotor des Modells 620 auf. Auch von diesem mit einem Sechsgang-Schaltgetriebe bestückten Fahrzeug gab es die vorgenannten drei Motorvarianten. Die Hydraulik mit drei getrennten Steuergeräten und die Servolenkung waren überarbeitet. Einen neuen, sehr bequemen Float-Ride-Sitz gab es als Sonderzubehör. Der Schlepper hatte große Ähnlichkeit mit dem 520, war aber im Gegensatz zu diesem in den vier Hauptausführungen als Standard-, High-Crop-, Reihenkultur- und Obstplantagentraktor

lieferbar. Damit wurde den Besitzern mittelgroßer Farmen eine maximale Auswahl geboten. Insgesamt 22.532 Einheiten, davon allein 21.069 von der Reihenkultur-Ausführung, entstanden von dem Modell 620 bis 1958.

Der 720er wurde mit 59,1 PS in der Benzinvariante das größte Zweizylinder-Reihenkultur-Modell von John Deere. Dieses Fahrzeug gab es mit Benzin-, Vielstoff-, LP-Gas- und Dieselantrieb, wobei der Hubraum beim Diesel 6200 und in den übrigen Ausführungen 5900 ccm betrug. Der Motor stellte seine Leistung bei 1125 U/min zur Verfügung. Die Diesel-

Blick auf den volumenstarken Zweizylinder-Dieselmotor des Modells 730.

variante wurde üblicherweise mithilfe eines Benzin-anlassmotors gestartet. Dem mit insgesamt 29.000 gefertigten Traktoren sehr erfolgreichen 720er hatte man ein neu entwickeltes Sechsganggetriebe spendiert, dessen erster Gang als Kriechgang ausgelegt war. Das Modell kostete 3700 US-Dollar und wurde in den Ausführungen als Standard-, Row-Crop- und High-Crop-Schlepper angeboten.

Das Spitzenmodell der 20er-Reihe war der 3560 kg schwere Typ 820, den es ausschließlich mit einem 7700-ccm-Dieselmotor und einer Benzinstartanlage gab. Dieser in der Linienführung der Vorgängermodelle R und 80 gehaltene sowie mit 75,6 PS sehr starke

Schlepper beeindruckte schon äußerlich durch sein bulliges Erscheinungsbild. Er befand sich bis Juli 1958, also mehr als zwei Jahre, in den Angebotslisten und erreichte während dieser Zeit mit 7.080 Exemplaren rund doppelt so hohe Verkäufe wie sein nur geringfügig kürzer angebotener Vorgänger. Im Wesentlichen entsprach dieser mit sechs Vorwärtsgängen ausgerüstete Traktor dem Vormodell, wobei die Mehrleistung vor allem auf den technisch verbesserten Zylinderkopf zurückzuführen war. Bemerkenswert und der Baugröße angemessen war die Bereifung, die vorn die Maße 7.50-18 und hinten 14-34 oder wahlweise 18-26 hatte.

Der hintere Zapfwellenanschluss und der hydraulische Dreipunkt-Kraftheber des 730.

Schon 1958 erfolgte bei Deere & Company ein erneuter Modellwechsel. Die neue 30er-Reihe hatte wiederum Zweizylindermotoren und gelangte im Juli desselben Jahres mit sechs Fahrzeugen auf den Markt. Bei den neuen Modellen kamen hauptsächlich Details zum Tragen, die den Bedienungskomfort verbesserten. Bereits in der letzten Phase der 20er-Reihe hatte man das Lenkrad schräg gestellt, was eine bessere Sicht nach vorn und auf die Instrumententafel bewirkte. Zusätzlich wurde die Haubenform geringfügig geändert, indem sie nach unten hin schmaler und gefälliger ausgeführt wurde. An den Motoren wurden keine Änderungen vorgenommen. Die 30er-Serie

sollte die letzte Baureihe von Zweizylindern werden. Der kleinste Traktor war der 330 mit 24,9 PS, gefolgt vom 430 mit 29,2 PS und dem 530 mit 38,6 PS. 630, 730 und 830 besaßen in gleicher Reihenfolge 48,7, 59,1 und 75,6 Pferdestärken. Die Verkaufszahlen bestätigten erneut den Trend zu starken Traktoren. Während vom 330 lediglich 1.091 Fahrzeuge einen Käufer fanden, waren es beim 430 bereits 12.680, 9.800 beim 530 und 18.000 beim Modell 630. Der Serienbau dieser vier Traktoren lief 1960 aus. Der Bau der beiden Spitzenmodelle 730 und 830, von denen 30.000 und 6.715 Stück entstanden, endete erst im Jahr 1961.

Der 730 war mit fast 60 PS ein beeindruckend starkes Fahrzeug. Abgebildet ist hier ein 1959 gebauter dieselgetriebener Standardschlepper.

Der Dieselschlepper 830 war das Spitzenmodell der 30er-Traktorfamilie. Wie bereits bei seinem Vorgänger, dem 820, sorgte ein 75,6 PS starkes Zweizylinderaggregat für den nötigen Vortrieb.

John Deere übernimmt die Mannheimer Lanz-Werke

Mitte der 1950er-Jahre war es in der Schlepperbranche kein Geheimnis mehr, dass sich die Schlepper-Zulassungszahlen der traditionsreichen Heinrich Lanz AG auf einer stetigen Talfahrt befanden. Das Unternehmen selbst war stark angeschlagen, eine Aussicht auf Besserung aus eigener Kraft bestand nicht.

Die Firma Heinrich Lanz war 1859 in Mannheim gegründet worden. Bis zum Beginn des Ersten Weltkriegs 1914 war Lanz durch eine zielbewusste Führung und Marktpolitik zum größten Hersteller von land-

wirtschaftlichen Maschinen und Geräten in Europa aufgestiegen. Mit dem unscheinbaren 12-PS-Bulldog HL präsentierte man auf der Leipziger DLG-Ausstellung des Jahres 1921 den ersten funktionstüchtigen, von einem Einzylinder-Zweitakt-Glühkopfmotor angetriebenen Rohölschlepper der Welt. War dieses Modell vor allem als eine selbstfahrende Arbeits- und Zugmaschine zum Antrieb von Dreschmaschinen konzipiert, entwickelte man schon bald Fahrzeuge, die sich auch für die Feldarbeit eigneten. Mit dem seit 1926 im Fließbandverfahren fabrizierten Verdampfer-

Der klassische Lanz-Glühkopf-Bulldog avancierte zur Traktoren-Legende. Aber spätestens seit den frühen 1950er-Jahren hatte sich dieses Antriebssystem überlebt. Hier ein mit durchgehenden Kotflügeln nachgerüsteter D 9506 von 1937.

Innerhalb der 1955 neu vorgestellten Lanz-Dieselschlepperreihe war der Typ 1616 mit 16 PS das Einstiegsmodell. Dieses 1960 nach der Umbenennung der „Heinrich Lanz AG Mannheim" in „John Deere Lanz AG" gebaute Fahrzeug trägt bereits die Beschriftung „John Deere-Lanz".

und Großbulldog HR 2 gelang der Durchbruch, dem das noch erfolgreichere, mit einer Thermosyphonkühlung ausgerüstete Kühlerbulldog-Modell 15/30 PS folgte.

In den 1930er-Jahren wurden die in verschiedenen Baugrößen erhältlichen Bulldogs fortentwickelt, verharrten aber weiterhin auf einer nahezu unveränderten Technik, die auf dem einzylindrigen Glühkopfmotor basierte. Dieser schier unverwüstliche, sehr robuste und zuverlässige Motor bewährte sich in allen Einsatzbereichen und fand auch infolge seiner Wirtschaftlichkeit große Anerkennung: Konnte er doch mit fast allen brennbaren Ölen und deren Abfällen betrieben werden. Etwa die Hälfte der alljährlich in

Deutschland zugelassenen Schlepper kamen zu jener Zeit aus Mannheim und der Exportanteil war mit über 50 Prozent der Ausbringungsmenge sehr hoch. Auch die langsam aufkommenden neuen mehrzylindrigen Dieselschlepper stellten damals keine echte Gefahr für den Bulldog dar – noch nicht! Ganz im Gegenteil: 1935 verließ der 50.000ste und im folgenden Jahr bereits der 65.000ste Lanz-Bulldog das Werk. Das Schlepper-Bauprogramm umfasste 1939, im letzten Friedensjahr vor Ausbruch des Zweiten Weltkriegs, sechs Grund-

Seite 82: Zur Parade aufgestellt sind hier die neuen John Deere-Lanz-Dieselschlepper, die ab 1960 nach der Übernahme der Heinrich Lanz AG durch Deere & Company gefertigt wurden. Von rechts nach links sind zu sehen: Typ 100, 200, 300, 500 und 700. Die bestens restaurierten Traktoren gehören einem holländischen Sammler.

Der Schriftzug „John Deere-Lanz" an einem der Dieselschlepper der 100er-Serie.

modelle mit 15, 20, 25, 35, 45 und 55 PS, die in einer Vielzahl von Ausführungsvarianten als Acker-, Acker-luft-, Verkehrs-, Raupen- und Eilbulldogs lieferbar waren. Daneben brachte Lanz 1939 zwei wichtige Neuerscheinungen auf den Markt: den Bauernbulldog D 4506 – den ersten Bulldog mit hydraulischem Kraftheber – und den 25-PS-Allzweckbulldog D 7506. Für den vielversprechenden Bauernbulldog bedeutete der im September 1939 mit Deutschlands Angriff auf Polen beginnende Krieg das Aus, während das Allzweckmodell erst nach Kriegsende seine Blütezeit erlebte. Das Jahr 1942, als Lanz auf den 100.000sten Bulldog zurückblicken konnte, war auch das letzte Jahr einer halbwegs regulären Produktion.

Im weiteren Verlauf des Krieges wurden die Fabrikationsanlagen durch Luftangriffe nahezu vollständig zerstört. Das unter den Kriegsfolgen stark gelittene Werk musste in den ersten Jahren nach Kriegsende massiv in den Wiederaufbau investieren, sodass erst 1950 ein gegenüber den Vorkriegsjahren gestrafftes Bauprogramm vorgestellt werden konnte. Durch die Errichtung des Eisernen Vorhangs waren außerdem wichtige Märkte in Osteuropa verloren gegangen. Vermutlich aus Kapitalmangel kamen die be-

gonnenen Arbeiten an mehrzylindrigen Motoren ebenso wie die Hinwendung zur Dieseltechnik über das Versuchsstadium nicht hinaus. So war man mehr oder weniger gezwungen, an dem überalterten Einzylinder-Zweitaktmotor festzuhalten, der den inzwischen von den Mitbewerbern verwendeten mehrzylindrigen Viertaktmotoren – trotz einiger Vorteile – insgesamt unterlegen war. In den folgenden Jahren gelangen Lanz an diesem Motor zwar wichtige konstruktive Verbesserungen bis hin zu der technisch weiter optimierten Volldiesel-Bulldog-Reihe – doch die Uhr für den Einzylinder war endgültig abgelaufen. So sank der Marktanteil von Lanz stetig und betrug 1955 nur noch 10,9 Prozent. Die Lage war insgesamt hoffnungslos, als das Unternehmen im folgenden Jahr die Fertigstellung des 200.000sten Schleppers vermeldete.

In den USA standen hingegen seit dem Abklingen der Weltwirtschaftskrise die Zeichen ganz auf Expansion und der Suche nach neuen Märkten. Mehrere US-Mitbewerber von Deere & Company hatten bereits damit begonnen, in Europa Produkte zu fertigen oder zu vermarkten. Das Problem, weltweit agieren zu müssen, um langfristig in der Branche zu bestehen, war auch der Deere-Konzernleitung bewusst: Schon seit Langem suchte sie nach einem lukrativen Fertigungsstandort in Europa, um auf diesem wichtigen Markt Fuß zu fassen. Schließlich wurde zum 1. Oktober 1956 die Aktienmehrheit der Mannheimer Heinrich Lanz AG übernommen. Dieser angesichts der Vielzahl der auf dem europäischen Markt bereits vertretenen Traktoren-Anbieter für Deere riskante Schachzug rettete das angeschlagene Mannheimer Werk vor dem Untergang. In der Folge gelang es Deere, das ehemalige Lanz-Werk, dessen gut ausgebautes Vertriebsnetz mit übernommen wurde, zu einer seiner wichtigsten Produktionsstätten in Europa auszubauen.

Das Lanz-Bauprogramm wurde zunächst übergangsweise in die Modellpalette des John-Deere-

Das hier abgebildete 28 PS starke Modell John Deere-Lanz 300 und das Modell 500 waren 1960 die ersten John-Deere-Konstruktionen, die in Europa gefertigt wurden.

Konzerns integriert. Ab September 1958 wurden die Lanz-Modelle nicht mehr in der Hauslackierung Blau-Rot, sondern in Grün-Gelb, den Traditionsfarben von John Deere, lackiert und unter dem Namen John Deere-Lanz angeboten. 1960, nur ein Jahr nach dem 100-jährigen Betriebsjubiläum der Heinrich Lanz AG 1959, war die Ära Lanz endgültig beendet: Die Firma wurde in „John-Deere-Lanz AG" umgetauft. Noch während der Übergangsphase hatten die Deere-Konstrukteure fieberhaft, aber in aller Stille an neuen, zeitgemäßeren Traktoren gearbeitet: Mit neuen Dieselmotoren ausgerüstete Schlepper sollten die alte

Bulldog-Technik ablösen. Im April 1960 wurde die Produktion in Mannheim schließlich auf die neuen Modelle John Deere-Lanz 300 und 500 umgestellt. Unter dem Slogan „Schlepper mit Zukunft" wurden die Modelle auf der DLG-Ausstellung in Köln vorgestellt. Dort riefen die modernen, formschönen Neuentwicklungen mit nach dem Baukastensystem konstruierten leistungsstarken, sehr laufruhigen, in Gummi gelagerten Viertakt-Dieselmotoren große Aufmerksamkeit hervor. Konzeptuell und auch formal waren sie den Modellen der 10er-Reihe von John Deere sehr ähnlich, aber auf den deutschen und europäischen

Markt zugeschnitten. Beide Fahrzeuge waren Halbrahmenschlepper und besaßen einen identischen wassergekühlten Wirbelkammer-Vierzylindermotor in Kurzhubbauweise mit 2367 ccm Rauminhalt, dessen Leistung sich durch die Drehzahl unterschied: Das Aggregat des Typs 300 stellte 28, später 30 PS bei 2000 U/min zur Verfügung, das des Typs 500 36 und ab 1963 38 PS bei 2400 U/min. Klauengeschaltete, zeitgemäße Gruppenschaltgetriebe mit 10/3-Gangstufen, mehrere Getriebe- bzw. Motorzapfwellen, eine Regelhydraulik mit Mischregelung nach Zugkraft und Lage, hydraulische Scheibenbremsen sowie ein Fahrersitz mit gepolsterter Rückenlehne und ermüdungsfreier Reitsitzposition waren weitere positive Eigenschaften der ersten Mannheimer Modelle mit dem Logo des springenden Hirsches. Zur Sonderausrüs-

tung gehörten unter anderem Frontlader, Riemenscheibe, Zugpendel, Servolenkung und Mähwerk.

Die Verkäufe entwickelten sich zwar nicht schlecht, erreichten aber nicht den erhofften Umfang. Zu hoch gesteckt waren die Erwartungen der neuen Firmenleitung, welche die große Zurückhaltung der bäuerlichen Kundschaft allem Neuen gegenüber nicht ausreichend berücksichtigt hatte. Von dem angestrebten Inlandsmarktanteil von 10 Prozent war daher bald keine Rede mehr. 1962 reichte es gerade einmal für magere 3,1 Prozent. Immerhin wurden von den bis 1964 gefertigten Modellen insgesamt 10.308 (Typ 300) bzw. 10.379 (Typ 500) Stück verkauft.

1962/63 wurde das Typenprogramm von John Deere-Lanz um die Traktormodelle 100 mit 18 und 700 mit 50 PS erweitert. Während im Typ 100, einem Univer-

Das Modell John Deere-Lanz 500, das wie der Typ 300 im Jahr 1960 auf der DLG-Ausstellung in Köln vorgestellt wurde, wartete mit 36 PS auf.

Die rechte Fahrzeugseite des 500 mit Blick auf den modernen Vierzylinder-Diesel und den bequemen, individuell verstellbaren De-Luxe-Sitz. Der Schlepper-fahrer konnte beidseitig vor den Hinterrädern aufsteigen, sodass ihm die Kraxelei über das Heck erspart blieb.

salschlepper für kleinbäuerliche Betriebe, ein Zweizylindermotor arbeitete, sorgte in dem für größere Höfe vorgesehenen Modell 700 ein Vierzylinder mit 2705 ccm Hubraum für den notwendigen Vortrieb. Mit einem Grundpreis von 16.165 D-Mark stand dieses Fahrzeug bei den Händlern. Als Nachzügler und Ersatz für den Typ 100 folgte 1966 das leistungsmäßig auf 25 PS aufgewertete Modell 200, das sich bis 1968 aber nur in 1249 Einheiten verkaufte. Dies war ein weiteres Indiz dafür, dass ausgesprochene Kleinschlepper auch auf dem deutschen Markt mittlerweile ziemlich chancenlos geworden waren.

Nach der Einstellung des Lanz-Halbdiesel-Bulldogs D 6016 im Jahr 1962 fehlte im Angebot ein starker Traktor für Großbetriebe. Da die Marktsituation in Deutschland eine eigenständige Entwicklung nicht rechtfertigte, wurde das bereits seit 1960 in den Ver-

einigten Staaten angebotene John-Deere-Modell 3010 komplett importiert und seit 1962 in der Bundesrepublik als Ausführung Spezial mit verkürztem Radstand angeboten. Ein hier unübliches Ausstattungsmerkmal waren die Muschelkotflügel. Die wesentlichen Einzelteile und Baugruppen wurden aus dem amerikanischen Stammwerk geliefert und in Mannheim montiert. Wegen seiner rein amerikanischen Herkunft trug dieser Traktor auch nicht den Namenszusatz „Lanz" an der Motorhaube. Der Schlepper hatte einen 65 PS starken Vierzylinder-Direkteinspritz-Reihen-Diesel mit 4164 ccm Hubraum und verfügte über sieben bzw. acht Vorwärts- und drei Rückwärtsgänge. Auch die übrigen Ausrüstungsmerkmale entsprachen der gehobenen Leistungsklasse. Obwohl dieser Schlepper mit 2761 kg maximaler Zugkraft am Haken eine durchaus gute Figur machte, sind offenbar nur

ELEGANT EN STRAK VAN LIJN - STERK EN BETROUWBAAR IN HET GEBRUIK

De overtuigende capaciteit, de eerste klas technische uitvoering en de voorbeeldige rij-kwaliteiten van de JOHN DEERE-LANZ trekker type 100 zullen U enthousiast maken. Dit is een trekker waarop U in elke omstandigheid kunt vertrouwen .... een trekker die op lange termijn modern en waardevast blijft .... Uw trekker voor „VANDAAG en MORGEN"!

EEN MOTOR,

WAAROP

U STEEDS

KUNT VERTROUWEN

Deze watergekoelde 2-cilinder 4-takt dieselmotor met thermostaat, in rubber blokken opgehangen, is het resultaat van een grote ervaring op het gebied van motorenbouw. Een motor zoals de praktijk die nodig heeft: gemakkelijk starten ook bij koud weer... constant toerental... reageert snel... en elastisch bij wisselende belasting door de z.g. buffel-karakteristiek. Daarbij rustig en soepel lopend. En wat bijzonder belangrijk is: gemakkelijk in onderhoud.

Hier ziet u de JOHN DEERE-LANZ trekker type 100 met een tweescharige ploeg in heuvelachtig terrein.

DEZE DRIEPUNTS HEFINRICHTING BEKOORT IEDEREEN OM ZIJN PRACTISCHE UITVOERING

1) verstellen van categorie I in II door het omdraaien van de trekstangen.
2) trekstangen in verticale richting star (bij ploegen enz.) of beperkt beweegbaar (b.v. zaaimachines, frees) 3) trekbalk zijdelings star (b.v. schoffeltuig) of beweegbaar (ploeg) 4) draaibare trekbalk (b.v. bij automatische opbokinrichting) of star (allerlei werktuigen) 5) topverbinding blijft steeds aan de machine — wagentrekhaak is zijdelings uitklapbaar. 6) trekbalk mechanisch te vergrendelen op genormaliseerde hoogte (voor zware getrokken werktuigen) 7) draadspil volledig tegen roest beschermd.

DE HYDRAULISCHE HEFINRICHTING
WAARBORGT HOGE ARBEIDSPRESTATIES

Rechts naast de zitting bevindt zich het bedieningshandel waarmede de werkdiepte wordt ingesteld. Doordat de hefinrichting niet automatisch diepteregeld is, verdient het aanbeveling om bij het ploegen te werken met een steunwiel aan de ploeg, dit i.t.t. de tekening. Men moet dan de hefinrichting in zweefstand plaatsen. Het hefvermogen van de trekker bedraagt 750 kgm, hetgeen ruim voldoende is voor deze 18 PK trekker.

Auszug aus einem in niederländischer Sprache gedruckten Prospekt zum John Deere-Lanz 100.

141 Fahrzeuge in der Bundesrepublik verkauft worden. Zu groß war die Zahl der bereits am Markt befindlichen Anbieter, um diesem ungewohnten Amerikaner viel Spielraum zu geben.

1964 wurde mit der sogenannten 10er-Serie ein vollständig neues Typenprogramm in Angriff genommen. Diese von John Deere in den USA komplett neu entwickelte Traktorfamilie entstand aus der vorausgegangenen 100er-Reihe. Sie setzte sich zusammen aus den drei Modellen 310, 510 und 710, die von 32, 40 und 50 PS starken Direkteinspritz-Dieseln angetrieben wurden. Mit diesen Fahrzeugen passte sich John Deere weiter an die Bedürfnisse des europäischen Marktes an. Alle drei Typen konnten entweder mit einem Normalgetriebe bis 20 km/h oder mit einem Schnellganggetriebe bis 27 km/h als Sonderausrüstung geordert werden. Die in allen Belangen vorbildlichen Mehrzweckmaschinen in Halbrahmenbauweise, die in ihren Klassen leistungsmäßig über dem Durchschnitt lagen, folgten dem auch in Europa vorherrschenden Trend zu stärkeren Traktoren. Die bis 1968 gefertigte Reihe trug dazu bei, dass sich John Deere auf dem deutschen Markt langsam konsolidierte. 1967 verschwand der Zusatz Lanz endgültig aus dem Firmennamen des Mannheimer John-Deere-Werkes und gleichzeitig von den Motorhauben der Traktoren. Das Werk hieß von nun an: „John Deere Werke Mannheim, Zweigniederlassung der Deere & Company".

1962 kam als Einstiegsmodell der 100er-Serie der Typ 100 hinzu. Die Fahrer dieses kleinsten Modells der Baureihe mussten sich mit einem einfacheren Mulden-schwingsitz zufriedengeben.

Der 50-PS-Dieselschlepper 700 war 1962 das vierte neue Modell, das in Mannheim produziert wurde. Mit diesem Traktor wandte sich John Deere vor allem an Lohnunternehmer und Großbetriebe.

Im Jahr 1966 trat der auf 25 PS Motorleistung aufgewertete Typ 200 an die Stelle des Modells 100 und bildete jetzt das Einstiegsmodell.

Das Modell John Deere-Lanz 200 war als Universalschlepper für kleinere Höfe sowie als Zweitschlepper vorgesehen. Das Foto zeigt ein Exemplar dieses Typs mit einem Mähbalken.

Dieser Schlepper des Typs 310 ist mit einem Fritzmeier-Allwetterverdeck ausgerüstet. Der Fahrer konnte seinen Arbeitsplatz selbstverständlich mittels Front-einstieg erreichen.

Seite 94: Unter den Typenbezeichnungen 310, 510 und 710 stellte die John Deere-Lanz AG in Mannheim 1965 drei Schleppermodelle der neuen 10er-Serie vor. Sie besaßen Direkteinspritzmotoren anstelle der nach dem Wirbel-kammerverfahren arbeitenden Aggregaten und lösten die Modelle 300, 500 und 700 ab. Abgebildet ist hier das mit einem 32 PS starken Dreizylinder-Diesel ausgerüstete Modell 310.

Ein in den Niederlanden fotografierter John Deere 310 von 1965. Bei diesen Exportfahrzeugen fehlt der Zusatz „Lanz".

Das Modell 510 hatte einen Dreizylinder-Direkteinspritzer-Diesel mit 40 PS.

Der 710 mit 50-PS-Motor war bei seiner Einführung 1965 das stärkste Traktormodell aus Mannheim. Wie die anderen Mitglieder der 10er-Serie blieb er bis 1968 in Produktion.

Das Foto zeigt einen Typ 710 mit Fritzmeier-Allwetterverdeck und Frontlader.

Die neuen Schleppergenerationen der 10er- und 20er-Serie

In den Vereinigten Staaten erschienen die Traktoren der 10er-Serie bereits 1960. Im Jahr 1962 kam mit dem Typ 5010 das stärkste Modell dieser Baureihe auf den Markt. Es war ein ausgewachsener Großschlepper mit Sechszylinder-Diesel und 121 PS Motorleistung.

Im amerikanischen Stammwerk von Deere & Company in Waterloo war man in der Zwischenzeit nicht untätig gewesen. Bereits 1953 hatten die Entwicklungsarbeiten an einer neuen Traktorengeneration begonnen, welche die Modelle mit den zwar unverwüstlichen, mittlerweile aber überalterten Zweizylindermotoren ablösen sollten. Nach umfangreichen, sich über Jahre hinziehenden Versuchen und Erprobungen wurde schließlich im August 1960 die 10er-Reihe der „New Generation of Power" vorgestellt, die sich grundlegend von den prinzipiell seit den 1930er-

Jahren unveränderten Modellen unterschied. Mit ihr endete die lange Ära der Zweizylindermodelle, die von den amerikanischen Farmern liebevoll „Johnny Poppers" getauft wurden. Die „New-Generation"-Serie festigte die Marktposition von Deere & Company derart nachhaltig, dass sich das Unternehmen binnen kurzer Zeit zum Weltmarktführer entwickelte: Bereits 1963 konnte der Konzern den Erzrivalen International Harvester als weltgrößten Landmaschinenhersteller verdrängen.

Die 1960 präsentierten vier Typen der „New-Generation"-Baureihe verfügten alle über moderne, wassergekühlte Vier- und Sechszylindermotoren, die entweder mit Benzin oder Diesel zu betreiben waren. Das Programm startete mit dem in Dubuque – dem Produktionsstandort der kleineren John-Deere-Modelle – gefertigten Typ 1010, der mit 37 PS Motorleistung und einem Fünfganggetriebe aufwartete. Unter den fünf verschiedenen Ausführungen des 1010 befand sich auch ein Raupenschleppermodell.

Zu der neuen Bauserie gehörte ferner der Typ 2010, der den aufgebohrten Motor des 1010 besaß und 45 PS leistete. Dieses Modell besaß neben dem Achtgang-Synchro-Range-Getriebe eine Dreipunkt-

kupplung mit Oberlenkerregelung, eine mit zwei Geschwindigkeiten ausgeführte unabhängige Zapfwelle und einen „Quick-Coupler", das heißt eine Geräte-Schnellkupplung, bei der die Arbeitsgeräte vom Fahrersitz aus arretiert werden konnten. Die Anbaugeräte waren überwiegend zwischen den Modellen 1010 und 2010 austauschbar mit Ausnahme jener, die für den kleineren 1010 zu schwer waren.

Das in der Typenhierarchie nächststärkere Modell 3010 wurde in Waterloo gebaut. Es handelte sich ebenfalls um einen Vierzylinder-Traktor, der allerdings mit 4164 ccm einen erheblich größeren Hubraum

Im Jahr 1963 gingen die beiden ersten Modelle der neuen 20er-Serie, der Typ 3020 und der Typ 4020, in den Vereinigten Staaten an den Start. Wie ihre Vorgänger verkauften sie sich von Anfang an hervorragend. Das Foto zeigt den von einem 75 PS starken Vierzylindermotor angetriebenen 3020, der mit Frontgewichten bestückt ist.

besaß als der Typ 2010 mit 2700 ccm und der Typ 1010 mit 2367 ccm. Mit einem Fußgaspedal ließ sich die Motordrehzahl von 2200 auf 2500 U/min erhöhen und die Höchstgeschwindigkeit mit 32 km/h auf der Straße entsprechend steigern. Mit seinem 65 PS starken Direkteinspritzmotor repräsentierte der 3010 in den Vereinigten Staaten die mittlere Schleppergröße. Wie im vorangegangenen Kapitel beschrieben, wurde dieses Modell ab 1962 auch auf dem deutschen Markt angeboten – dort allerdings in der Klasse der Groß-schlepper. Mit Servolenkung und Synchrongetriebe besaß er Ausstattungsmerkmale, die in der deutschen Schlepperbranche seinerzeit noch in den Kinder-schuhen steckten.

Das mit rund 44.000 Einheiten mit Abstand meist-verkaufte Traktormodell der 10er-Reihe war der Typ 4010. Für den nötigen Vortrieb sorgte ein volumen-starker Diesel- oder Benzinmotor mit 84 PS. Für die Kraftübertragung stand ein klauengeschaltetes 8/1-Synchro-Range-Getriebe zur Verfügung, das den Gangwechsel in den unteren Stufen ohne Schalten erlaubte. Neue, in einem Ölbad laufende hydraulische Scheibenbremsen sowie ein ergonomisch geformter, individuell einstellbarer und sehr bequemer Fahrersitz trugen zur besonderen Beliebtheit dieses Modells bei.

1962 erschien mit dem Typ 5010 das Spitzen-fahrzeug dieser Modellfamilie auf dem Markt. Dieser Traktor war der legitime Nachfolger der Modelle 80, 820 und 830. Der von einem Sechszylinder-Diesel mit 121 PS und 8700 ccm Hubvolumen angetriebene und mit einem Gewicht von 6078 kg ziemlich gewich-tige Bolide war der erste Deere-Traktor mit einer

Der Typ 4020 verfügte über einen Sechszylinder mit 100 PS. Dieses bis 1972 gefertigte Modell wurde in der Ausführung als Standardschlepper auch nach Mannheim verschifft, dort montiert und als Modell der Oberklasse angeboten. Abgebildet ist hier ein in Europa kaum verbreiteter Breitspurtraktor.

Dreipunktkupplung der Kategorie III. Nicht nur in Bezug auf Leistung setzte der 5010 Maßstäbe für die kommenden Baureihen, sondern auch mit seinem Verkaufspreis: Mit 11.000 US-Dollar war der 5010 in der Grundausrüstung exakt doppelt so teuer wie der 4010. Als Getriebe wurde erneut das erfolgreiche Synchro-Range mit acht Vorwärts- und drei Rückwärtsgängen eingesetzt. Vier 6-Volt-Batterien ermöglichten ein problemloses Starten. Die übrigen Ausstattungsmerkmale unterschieden sich nur wenig vom kleineren 4010.

An dieser Stelle sei erwähnt, dass mit dem Modell 8010 bereits 1959 ein riesiger Knicklenker-Allradtraktor mit 215 PS in den Vereinigten Staaten vorgestellt wurde und beträchtliches Aufsehen erregte. Nach einem noch vor dem Ersten Weltkrieg gebauten Versuchsmodell handelte es sich bei diesem Traktor um den ersten Allradschlepper von Deere. Das nur in kleinen Stückzahlen gefertigte Schwergewicht war nicht nur in seiner Größe, sondern auch in der völlig neuen Bauausführung der damaligen Zeit weit voraus. Der Großtraktor deutete aber eine Entwicklung an, die schon bald die gesamte Landwirtschaft erfassen sollte.

Mit den Modellen 3020 und 4020 wurden 1963 die ersten Modelle der neuen 20er-Traktorenreihe vorgestellt. Sie gingen anstelle ihrer gut verkäuflichen Vorgänger 3010 und 4010 an den Start. Während unter der Haube des Modells 3020 ein Vierzylinder mit direkter Kraftstoffeinspritzung seinen Dienst verrichtete, war es beim 4020 ein Sechszylinder gleicher Bauart. Mit 75 bzw. 100 PS hatte man die Motoren gegenüber ihren Vorgängern erheblich stärker

Der Breitspurtraktor 4020 von der linken Seite. Gut zu erkennen sind die Halbrahmenbauweise und die große Bodenfreiheit dieser starken Maschine.

Ein 1965 gefertigter Breitspurschlepper 4020, ausgerüstet mit einem aus Metall gefertigten Sonnenschutzverdeck.

gemacht. Diese Modelle wurden in Einzelteilen auch nach Mannheim verschifft, dort montiert und vor der Auslieferung an die Kundschaft den Erfordernissen des europäischen Marktes bzw. des deutschen TÜV angepasst. Mit dem Erscheinen gleich vier neuer Modelle in Jahr 1965 wurde die zwei Jahre zuvor begonnene Serie weiter ausgebaut. Es handelte sich um die gleichfalls aufgewerteten und auf Wunsch mit Lastschaltgetrieben erhältlichen Typen 1020, 2020, 3120 und 5020 mit 44, 60, 81 und 141 PS Motorleistung. Der Typ 5020 war der stärkste John-Deere-Traktor der 1960er-Jahre, der als Reihenkulturschlepper acht Beetreihen gleichzeitig bearbeiten konnte. Ebenso wie schon der 4010 wurde auch sein Nachfolger 4020 mit genau 57.421 gebauten Fahrzeugen das meistverkaufte Modell innerhalb der 20er-Reihe. Ihn gab es in verschiedenen Bauausführungen, so als Reihenkultur-, Standard- und High-

Crop-Schlepper. Wie schon zuvor der 5010 war in der 20er-Serie der Typ 5020 das ausgewiesene Spitzenmodell. Sein Gewicht war bei 7869 kg angelangt, sein Preis bei 15.000 US-Dollar. Trotzdem wurde dieser mit einem volumenstarken Sechszylinder-Direkteinspritzer-Diesel mit 141 PS Motorleistung bestückte Traktor bis 1972 in insgesamt 13.000 Einheiten verkauft. Auch hier erfolgte der Export nach Mannheim, wo nach den notwendigen Änderungen die Endmontage vorgenommen wurde.

1967 kam eine im Mannheimer John-Deere-Werk entwickelte, zur 20er-Reihe zählende völlig neue Traktorenbaureihe auf den Markt. Es handelte sich um insgesamt sieben leistungsmäßig sehr gut abgestufte Fahrzeuge, die speziell auf den Bedarf des deutschen und europäischen Marktes zugeschnitten waren. Von Dreizylindermotoren angetrieben wurden die Modelle 820 mit 32, 920 mit 37, 1020 mit 44 und 1120 mit

1965 folgten weitere Modelle der 20er-Serie, darunter auch der mit einem Dreizylindermotor bestückte Typ 1020 mit 44 PS.

49 PS Leistung. Es folgten die Vierzylindertypen 2020 mit 60 PS, der ein Jahr später erhältliche 2120 mit 67 PS und schließlich das 1969 vorgestellte Sechszylindermodell 3120 mit 81 Pferdestärken. Alle Fahrzeuge waren übersichtlich und bedienungsfreundlich mit einer großen Bodenfreiheit und Wendigkeit. Während der 820 noch mit einem Siebengang-Schubradschaltgetriebe auskommen musste, verfügten alle anderen Maschinen dieser Serie bereits über klauengeschaltete Gruppentriebwerke mit acht Vorwärts- und vier Rückwärtsgängen. Das Sechszylinder-Spitzenmodell 3120 war serienmäßig mit einem modernen hydraulischen 12/6-Gang-Lastschaltgetriebe bestückt. Sozusagen durch Fingerdruck ließ sich in jedem Gang die Zugkraft durch Verringerung der Geschwindigkeit um rund 25 Prozent erhöhen und wenn diese nicht mehr benötigt wurde in den zuvor gewählten Gang zurückschalten. Eine auf Wunsch

erhältliche hydraulische Lenkung erhöhte den Bedienungskomfort erheblich. Die Dreipunkt-Regelhydraulik, mehrere Zapfwellen und bei den Modellen ab 1020 eine hydraulisch unter Last und ohne zu kuppeln schaltbare Zapfwelle waren weitere technische Eigenschaften dieser fortschrittlichen Traktorenreihe. Der 44 PS starke und bis 1975 gefertigte 1020 rangierte mit 16.194 verkauften Traktoren an der Spitze, gefolgt von dem um 5 PS geringfügig stärkeren Modell 1120, das es auf 14.408 Fahrzeuge brachte. Der Sechszylinder 3120 konnte innerhalb von vier Jahren mit immerhin 4.882 Stück verkauft werden. Darüber hinaus gab es neben diesen Standardmodellen eine ganze Reihe von Spezialtraktoren, wie zum Beispiel die schmalspurigen Fahrzeuge für den Einsatz in Obstplantagen und im Weinbau. Die Typen 2020, 2120 und 3120 waren zusätzlich auch mit Allradantrieb erhältlich.

Der Typ 2020 war mit 60 PS ein leistungsstarker Schlepper für größere Bauernhöfe. Hier ein schönes Fahrzeug mit Verdeckkabine von 1972.

Seite 104: Ein 1972 gebauter John Deere 1020 mit fester Verdeckkabine.
1971 war die Motorleistung dieses Modells auf 46 PS erhöht worden.

Mit 49 PS Motorleistung zählte der zwischen 1967 und 1975 in Mannheim fabrizierte Dreizylindertraktor zur gehobenen Mittelklasse. Hier die Variante LS, die mit einem 18/8-Gang-Lastschaltgetriebe bestückt ist.

Mit dem 1969 vorgestellten 81-PS-Traktor 3120 rundete John Deere das Mannheimer Schleppersortiment nach oben hin ab. Unter der Haube wirkte ein volumenstarker Sechszylinder-Direkteinspritzmotor.

*Ausschließlich in Mannheim gebaut wurde seit 1967 der 32-PS-Schlepper 820 mit Dreizylindermotor. Seit jenem Jahr verschwand der Namenszusatz „Lanz"
von den Motorhauben der Traktoren.*

Der Typ 820 war das kleinste Fahrzeug der 20er-Modellreihe und für kleine bis mittlere Betriebe, aber auch als Zusatzschlepper für große Höfe vorgesehen. Hier ein Traktor mit Dieteg-Verdeck.

Mit dem Modell 5020 baute das John-Deere-Werk in Waterloo den stärksten Deere-Traktor der 1960er-Jahre. Sein Sechszylindermotor leistete 141,3 PS. Daher war er für mitteleuropäische Verhältnisse fast immer überdimensioniert. Ganze fünf Stück sollen von diesem Typ in Deutschland zugelassen worden sein – hier ist eines davon.

Mit guten Verkaufsergebnissen wartete der ebenfalls in Mannheim gebaute Typ 920 auf, der bis 1973 im Programm blieb. Sein Dreizylindermotor leistete 37 PS.

Das Foto zeigt einen Typ 5020 von 1968 aus den Niederlanden. Das wuchtige Fahrzeug wog fast 8 Tonnen.

Der Weg zum globalen Fertigungsprogramm

Zu den neuen John-Deere-Modellen der Generation II mit Dreizylindermotoren zählte das 46 PS starke, mit einem Leichtschaltgetriebe ausgestattete Modell 1030, das von 1974 bis 1979 gebaut wurde. Das Foto zeigt einen Schlepper mit Dieteg-Verdeckkabine.

Gegen Ende des Jahres 1972 gab es bei Deere & Company einen erneuten Modellwechsel. Als Präsentationsplattform hatte man Saarbrücken, den Standort der John-Deere-Mähdrescherfertigung, ausgewählt. Hier konnten Hunderte von Händlern aus aller Welt die ersten neuen Schleppermodelle der zur Generation II gehörenden 30er-Serie bewundern. Sie unterschieden sich von den bisherigen Typen nicht nur durch ihr modernisiertes, flüssigeres Design, sondern besaßen erstmals eine als „Sound-Gard-Body" bezeichnete fortschrittliche und vorbildlich gestaltete Kabine. Diese sorgte durch ihre Gummilagerung für einen bisher unbekannt niedrigen Geräuschpegel und besaß außerdem den von der landwirtschaftlichen Berufsgenossenschaft vorgeschriebenen Überrollschutz. Zusätzlich konnten Heizung und Klimaanlage installiert

werden. Daneben waren verschiedene äußerlich nicht sichtbare Verbesserungen in die Serie eingeflossen. Die Direkteinspritzmotoren hatten technisch einen großen Sprung nach vorn gemacht und ein neues Verbrennungssystem durch einen besonders geformten Kolbenboden nebst einer Vierloch-Einspritzdüse erhalten.

Ins Leben gerufen wurde die 30er-Reihe mit gleich vier mit Sechszylindermotoren bestückten Großtraktoren. Diese Fahrzeuge waren hauptsächlich für den amerikanischen Markt vorgesehen und wurden sämtlich in Waterloo fabriziert. Das Einstiegsmodell war der Typ 4030 mit 80 PS, gefolgt vom 4230, der über einen 100 PS starken Motor mit 6620 ccm Hubraum verfügte. Letzterer löste das Erfolgsmodell 4020 ab. Als nächstes kam der Typ 4430, dessen Motorleistung durch einen Abgas-Turbolader auf 125 PS gesteigert worden war. Das Spitzenmodell hörte auf den Namen 4630: Für seinen Vortrieb sorgte ein mit Turbolader und Ladeluftkühlung versehener Direkteinspritzer mit stolzen 180 PS Leistung. Bei den Triebwerken konnte der Kunde zwischen dem serienmäßigen 8/2-Gang-Synchro-Range-Getriebe und dem auf Wunsch erhältlichen QuadShift mit 16/6-Gangstufen wählen. Außer beim Modell 4030 konnte zudem ein PowerShift-Getriebe mit acht Vorwärts- und vier Rückwärtsgängen gewählt werden.

Auf dem deutschen und dem europäischen Markt wurden die Typen 4230 und 4430 mit den üblichen Umrüstungen angeboten. Seit September 1975 erfolgte der Zusammenbau für diesen Wirtschaftsraum auf einer neu errichteten Produktionsstraße im Werk Mannheim. Von der Leistungsklasse her für diesen Markt geeigneter und entsprechend stärker nachgefragt waren die Vierzylindermodelle 2030 mit 68 und 2130 mit 75 PS sowie der Sechszylinder 3130 mit 89 PS, deren Bau zeitgleich in Mannheim angelaufen war. Diese Fahrzeuge verfügten über eine hydraulisch unter Last schaltbare Motorzapfwelle mit Doppelkupplung sowie über alle weiteren klassenüblichen Ausrüstungsmerkmale. Die bis 1977 im Programm befindlichen Traktoren verkauften sich mit 24.339, 36.064 und 15.702 Einheiten ausgezeichnet. Auf dem deutschen Markt konnte Deere & Company in der jährlichen Zulassungsstatistik immerhin vom 1960 bekleideten 13. Rang bis auf den 5. Platz im Jahr 1975 aufrücken.

1975 ergänzten gleich fünf zusätzliche, in der kleinen bis mittleren Klasse angesiedelte, zwischen

Speziell für die Arbeiten im Weinbau entstand bei John Deere im Rahmen der 30er-Reihe der 1030 VU („Vineyard Utility"), eine Schmalspurvariante mit derselben Technik des Standardmodells. Dieses wendige Fahrzeug wurde zwischen 1975 und 1979 in kleinen Stückzahlen in Getafe in Spanien gefertigt.

35 und 56 PS starke Modelle das Mannheimer Fertigungsangebot. Diese Typen waren sämtlich mit Dreizylindermotoren bestückt. Vom 46 PS starken Modell 1030 an aufwärts gab es alle Traktoren auch mit Allradantrieb zu kaufen. Abgesehen von dem 51-PS-Modell 1130 erreichten diese kleineren Fahrzeuge aber keine sonderlich hohen Verkaufszahlen. Neben den vorgenannten Typen gab es ausgesprochene Großschlepper im Leistungsbereich zwischen 176 und 275 PS, die aber fast ausschließlich auf dem amerikanischen Markt verkauft wurden. Es waren Supertraktoren, deren Einsatz nur auf großen zusammenhängenden Flächen wirtschaftlich vertretbar war. Diese Voraussetzungen waren fast nur in den USA und Kanada gegeben. Die 30er-Maschinen von Deere & Company blieben bis 1979 ein wesentlicher Bestandteil in dem immer breiter werdenden Fertigungsprogramm. Dieses umfasste zu Beginn der 1980er-Jahre mehr als ein Dutzend Grundmodelle, die in weit über 240 Ausrüstungsvarianten erhältlich waren.

Um 5 PS stärker als der 1030 war das ebenfalls 1974 vorgestellte 51-PS-Modell 1130, damals ein Traktor der Mittelklasse. Abgebildet ist ein mit Fritzmeier-Verdeckkabine und Frontlader ausgerüstetes Exemplar aus dem Jahr 1978.

Der seit 1978 angebotene Typ 3030 – hier ein Fahrzeug mit Allradantrieb – war ein zugstarker Traktor mit einem 86 PS leistenden Sechszylindermotor mit direkter Kraftstoffeinspritzung.

Die 1970er-Jahre brachten für die Traktorenindustrie durchweg positive Ergebnisse. Dies erklärt die schnellen Modellwechsel, die auch zunehmend im Zeichen von Kraftstoffeinsparungen und Umweltschutzauflagen standen. In den USA deutete sich ein solcher Wechsel im Jahr 1976 an. Mit jeweils zwei Drei- und Vierzylindertraktoren starteten dort die ersten Modelle der neuen 40er-Reihe. Die neuen Fahrzeuge zeichneten sich durch stärkere, standardisierte Motoren, verbesserte Hydraulik- und Zapfwellensysteme sowie eine hydrostatische Lenkung aus. Während die Dreizylinder in Mannheim gebaut wurden, liefen die Vierzylinder im Werk Dubuque vom Band. Für den europäischen Markt wurden vorerst die Dreizylindermodelle der 30er-Reihe weiterhin gefertigt. Erst 1979 erfolgte mit den Modellen 840 mit 38, 940 mit 44, 1040 mit 50 und 1140 mit 56 PS die Umstellung auf die 40er-Serie. Die Typen 1040 und 1140 waren auf Wunsch auch mit Allradantrieb erhältlich. Zum werksseitig vorhandenen Lieferumfang gehörte für alle Modelle dieser Reihe das 8/4-Gang-Synchron-Getriebe. Optional erhältlich war ein PowerSynchron-Triebwerk mit 16 Vorwärts- und acht Rückwärtsgangstufen, das ohne Kupplungsbetätigung unter Last geschaltet werden konnte. Das Getriebe erleichterte in

Verbindung mit der hydrostatischen Lenkung gerade bei Frontladerarbeiten, wo häufiges Schalten erforderlich war, die Bedienung erheblich.

Zu den bereits seit 1977 für den europäischen Markt bestimmten Sechszylindermodellen 4040 mit 110, 4240 mit 128 und 4440 mit 155 PS gesellten sich 1979 die ebenfalls in Mannheim fabrizierten 92 und 100 PS starken Sechszylindertraktoren 3040 und 3140 hinzu. 1984 wurde der 4040 durch den mit 112 PS geringfügig stärkeren 3640 abgelöst. Die meisten dieser auch mit Allradantrieb lieferbaren Fahr-

zeuge blieben bis 1987 in den Verkaufslisten. Hauptsächlich für den amerikanischen Markt produziert wurden die teilweise als Knicklenker ausgeführten und in Waterloo gefertigten Großtraktorenmodelle mit 177, 181, 215 und 275 PS. Mit einem Personalbestand von 65.392 Mitarbeitern wurde 1979 der Höchststand erreicht. Zwei Jahre später wurde das Werk Bruchsal für die Kabinenherstellung eröffnet: Hier konnten jährlich rund 20.000 Kabinen für die Traktoren-, Mähdrescher- und Feldhäcksler-Fertigung in Mannheim und Zweibrücken hergestellt werden.

Hauptsächlich für die Märkte in Übersee vorgesehen war das Modell 4430 mit 145-PS-Sechszylindermotor und Abgasturbolader, das ab 1976 für den europäischen Markt in Mannheim montiert wurde. Der Traktor verfügte über ein 16/6-Gang-Gruppensynchrongetriebe und wog nahezu sechs Tonnen.

Zu der neuen 40er-Traktorenserie gehörte der von 1979 bis 1986 in Mannheim gebaute Typ 940 mit 44 PS Motorleistung. Hier ein vom harten Alltagsleben in der Landwirtschaft gezeichneter Traktor mit Frontlader und Dieteg-Verdeckkabine.

Die 1980er-Jahre waren in der Landwirtschaft durch eine hauptsächlich durch fallende Weltmarktpreise für landwirtschaftliche Erzeugnisse verursachte schwere Rezession geprägt. Für die Traktoren- und Landmaschinenbranche wurden es schwere Jahre. Kein Hersteller ging unbeschadet aus der Krise hervor und praktisch jeder musste Federn lassen. Insolvenzen, Entlassung von Mitarbeitern, Fusionen und Kooperationen waren an der Tagesordnung. Der einzige große amerikanische Landmaschinenkonzern, der nach dem Ende dieser Krise weiterhin seine Stellung als unabhängiges Unternehmen bewahren konnte, war John Deere.

Die Krise hatte natürlich auch Auswirkungen auf die zu fertigenden Traktoren und deren Eigenschaften. Mehr denn je stiegen die Anforderungen an Vielseitigkeit, Dauerhaftigkeit, Verbesserung des Wirkungsgrades und Fahrkomfort. Denn im Interesse eines kostenbewussteren Arbeitens musste der Fahrer die

Belastungen einer immer längeren Arbeitszeit auf dem Traktor in Kauf nehmen. Bei Deere & Company wusste man die absatzschwachen Jahre geschickt zur Weiterentwicklung des Traktorprogramms zu nutzen. Unter diesen Vorzeichen stellte das Mannheimer Werk im Jahr 1986 die 50er-Reihe vor. Allerdings waren bereits 1982 die ersten 50er-Reihenmitglieder, zu denen auch verschiedene bis zu 370 PS starke Großtraktoren zählten, in den Vereinigten Staaten an den Start gegangen. Die Mannheimer Modelle bestanden aus insgesamt 13 mit Drei- bis Sechszylindermotoren ausgestatteten Grundtypen mit Leistungen von 38 bis 140 PS und kamen in ihrer Auslegung den Bedürfnissen des deutschen Marktes besonders entgegen. Die Fahrzeuge hatten neue kraftstoffsparende Constant-Power-Motoren erhalten. Sie verfügten über einen hohen Drehmomentanstieg und arbeiteten dadurch über einen weiten Drehzahlbereich hinweg auf nahezu gleichbleibend hohem Leistungsniveau.

Mit dem seit 1981 angebotenen 75 PS starken Modell 2040 S sollte die Leistungslücke geschlossen werden, die zwischen den seit 1979 gebauten Modellen 2040 (70 PS) und 2140 (82 PS) bestand.

Leichtlaufgetriebe, technisch optimierte Kraftheber und die 40-km/h-Geschwindigkeitsstufe waren weitere herausragende Merkmale dieser neuen Traktormodelle.

Für den amerikanischen Markt wurde 1989 die 55er-Reihe vorgestellt. Sie umfasste sechs sämtlich mit Sechszylinder-Direkteinspritzmotoren, Turbolader und Ladeluftkühlung ausgerüstete Fahrzeuge zwischen 130 und 230 PS Leistung. Die nachfolgende 60er-Serie bestand aus allradgetriebenen Supertraktoren mit Knicklenkung, wobei das Spitzenmodell 8960 stolze 370 PS aus seinem Cummins-Sechszylindermotor mit 14 Litern Rauminhalt herausholte. Mit den 1993 auf dem Markt erschienenen 70er-Traktoren erreichte John Deere erstmals die 400-PS-Marke. Da diese gewaltigen Boliden für den europäischen Markt entschieden zu groß waren, wurden sie dort auch nicht angeboten. Die weltweit gefertigte John-Deere-Modellpalette umfasste mittlerweile eine fast unübersehbar gewordene Zahl von Traktoren im Leistungsbereich von 40 bis 400 PS.

Das kleinste Sechszylindermodell der 40er-Serie war der seit 1979 erhältliche Typ 3040. Der Traktor leistete 92 PS und war auch in einer vierradgetriebenen Ausführung lieferbar. Dieses Bild zeigt einen Hinterradschlepper.

Der 155 PS starke Sechszylinder des Typs 4440 war zwischen 1977 und 1983 Bestandteil des John-Deere-Programms. Er wurde in Waterloo und Mannheim gefertigt. Hier ist ein Allradschlepper zu sehen.

Aus Mannheim kam 1992 die lang erwartete Reihe 6000, die nach Erweiterung im folgenden Jahr sieben Modelle zwischen 75 und 130 PS umfasste. Die hierin verwirklichte Abkehr von der Block- zur Rahmen- und Modulbauweise erlaubte nicht nur höhere Nutzlasten, entlastete Motor- und Antriebssystem, sondern ermöglichte auch eine flexiblere Fertigung und Aus-

rüstung der Fahrzeuge. Die Reihe wurde zu einem großen Erfolg: In weniger als fünf Jahren wurden mehr als 100.000 Traktoren der Serie auf den Märkten verkauft. 1994 folgte die in Waterloo gefertigte Reihe 8000 mit vier Modellen und Leistungen von 185 bis 260 PS. Die vorläufige Spitzenstellung erreichten die zwischen 1996 und 2002 angebotenen 9000er-Traktoren: Das Modell 9400, das größte Fahrzeug dieser Baureihe, konnte 424 PS erzeugen.

1997 folgte die überarbeitete, aus acht Grundmodellen mit Allradantrieb bestehende, in Mannheim gefertigte Traktorenreihe 6010. Sechs Jahre später wurde die verbesserte 6020er-Baureihe auf den Markt gebracht. Die Modellvielfalt der zwischen 75 und 160 PS starken Traktoren war mit zehn Grundtypen und unzähligen Ausstattungsausführungen noch umfangreicher geworden. Vor allem in den ab 2004 überarbeiteten Versionen steuerten, optimierten und vereinfachten die überall installierten Elektronikbauteile Bedienung und Kraftstoffverbrauch. Die Fahrzeuge besaßen neue verbrauchsärmere Motoren und er-

Ab 1986 stieg das Mannheimer John-Deere-Werk in die Fertigung der 50er-Reihe ein, die in den Vereinigten Staaten bereits seit 1982 auf dem Markt war. Ein handlicher Dreizylinderschlepper war der im folgenden Jahr eingeführte Typ 1750, der 50 PS Motorleistung aufbieten konnte.

Mit 62 PS war der von 1987 bis 1994 gebaute Typ 1950 der stärkste Dreizylinder aus der 50er-Reihe. Von den Abmessungen her handelte es sich um einen idealen Universaltraktor für mittlere Betriebe. Auf dem Foto wird das Modell in der Allradvariante präsentiert.

reichten auf Wunsch bis zu 50 km/h. Die zahlreichen Getriebevarianten boten den Schaltkomfort von Pkw-Automatikgetrieben. An dieser Stelle die vielen Ausrüstungsdetails und Modelle im Einzelnen zu schildern würde den Rahmen dieses Buches bei Weitem überschreiten.

Das derzeitige John-Deere-Traktorenprogramm besteht aus den leichten Traktoren der 5015er-Reihe, deren Leistungsvermögen zwischen 55 und 88 PS angesiedelt ist. Ihnen folgen die drei Modelle der Reihe 5 R, die zwischen 83 und 104 PS stark sind. Sieben Fahrzeuge der 6030er-Serie repräsentieren den Leistungsbereich von 100 bis 155 PS, während die fünf Maschinen der Typenreihe 7030 121 bis 180 PS leisten können. Zur 7030er-Serie gehören auch vier in Waterloo gefertigte, zwischen 121 und 220 PS starke Traktoren, die nur in Amerika angeboten werden. Es folgen fünf ebenfalls in den USA produzierte schwere Radschlepper aus der Serie 8030, die sich im Leistungsbereich von 215 bis 320 PS befinden. Hiervon sind drei auch in einer Raupenschleppervariante

erhältlich. An der Spitze befinden sich die fünf Großschlepperriesen der Reihe 9030. Drei davon gibt es wiederum auch in einer Raupenausführung. Das stärkste Modell ist der 9630, der mit einem 543 PS starken Sechszylinder-PowerTech-Plusmotor mit 13500 ccm Hubraum aufwartet, der mit einem elektronisch gesteuerten Einspritzverfahren arbeitet. Der knapp 17.000 kg schwere und 6860 mm messende Koloss ist ein allradgetriebener Knicklenkertraktor mit einem PowerShift-Getriebe, das über 18 Vorwärts- und sechs Rückwärtsgänge verfügt.

Ist die Zahl der hier angesprochenen Grundmodelle schon fast unübersehbar groß, so kann der Kunde zudem zwischen vielen Hundert verschiedenen Bauausführungen und Ausstattungsvarianten wählen. Durch die Modulbauweise können die unterschiedlichsten Bauteile auf dem standardisierten Traktorrahmen montiert werden. Dadurch ist sichergestellt, dass sich in dieser mehr als überreichen Angebotspalette für jeden Kunden ein optimal ausgestatteter Wunschtraktor befindet.

Mit 86 PS Motorleistung war das Modell 2850 der größte Vierzylinder der 50er-Traktorenfamilie. Auch hier war ein Abgas-Turbolader installiert. Das Foto zeigt einen Allradschlepper mit der auf Wunsch erhältlichen Rundumsichtkabine des Typs SG 2.

Mit einer Leistung von 70 PS war der Typ 2450 hinsichtlich seines Preis-Leistungs-Verhältnisses vor allem für mittelgroße Höfe ein nahezu idealer Schlepper. Auf Wunsch gab es ihn – wie hier zu sehen – auch mit Allradantrieb.

Der Typ 3050 – hier in der Allradvariante – war ein zugstarker Traktor mit 92-PS-Sechszylindermotor für 40 km/h Höchstgeschwindigkeit.

Das Modell 2650 zog seine Leistung von 78 PS aus einem Vierzylindermotor mit Abgas-Turboaufladung. Der Traktor blieb bis 1994 im Verkaufsprogramm und war – wie abgebildet – auch als Allradfahrzeug zu erwerben.

In Großbetrieben und auf großen zusammenhängenden Anbauflächen war der John Deere 3650 in seinem Element. Sein Antrieb erfolgte durch einen 116 PS starken Sechszylinder-Turbodiesel mit 5883 ccm Rauminhalt. Das PowerSynchron-Getriebe bestand aus 16 Vorwärts- und acht Rückwärtsgängen.

Im Jahr 1989 wurden die Traktormodelle der 55er-Reihe vorgestellt. Die mit turbogeladenen Sechszylindermotoren im Leistungsbereich von 130 bis 230 PS ausgestatteten Fahrzeuge entstanden in Waterloo. Das stärkste Modell war der hier abgebildete Allradschlepper 4955.

Ein John-Deere-Schlepper des Typs 3650 bei der Feldarbeit mit einem Einzelkorn-Sägerät des Fabrikats Accord-Fähse.

Das 62 PS starke Modell 2250 war das kleinste Fahrzeug der 50er-Reihe. Der Vierzylindertraktor war besonders für kleine und mittlere Betriebe ein sehr geeigneter, wirtschaftlicher Schlepper.

Der Typ 6110 gehörte zu der von 1997 bis 2003 lieferbaren 6010er-Reihe, die den Leistungsbereich von 80 bis 140 PS nahezu lückenlos abdeckte. Ausgerüstet mit einem 80-PS-Vierzylindermotor, war der Traktor das kleinste Mitglied dieser Serie.

Der von 1997 bis 2003 in Mannheim gebaute Typ 6910 war mit seinem 135-PS-Sechszylindermotor mit Turbolader das Spitzenmodell der aus acht Fahrzeugen bestehenden 6010er-Reihe. Dieses Röntgenbild zeigt sein Innenleben.

Das Modell 7800 gehört zu der von 1992 bis 1997 in Waterloo produzierten 7000er-Reihe. Die Motorleistung des abgebildeten Traktors beträgt 170 PS.

Mit 425 PS nahm der in Waterloo gebaute Typ 9420 in der Leistungsskala der im Jahr 2002 vorgestellten 9020er-Serie nur den dritten Rang ein. Dieser gewaltige Knicklenkertraktor mit einem Gewicht von fast 16 Tonnen war speziell für die Großflächenbewirtschaftung in Nordamerika ausgelegt.

295 PS Motorleistung, 8100 ccm Hubraum, 42 km/h Höchstgeschwindigkeit, 9700 kg Eigengewicht und ein 16/5-Gang-Getriebe: Das sind die wichtigsten Merkmale des von 2002 bis 2005 in Waterloo hergestellten Modells 8520 aus der neuen 8020er-Reihe. Dieses Fahrzeug war gleichzeitig das Spitzenmodell der Bauserie.

Beim Typ 6110, dem Einstiegsmodell der 6010er-Serie, war ein Vierzylinder-Turbodiesel mit 80 PS Motorleistung installiert. Hier ein Fahrzeug bei der Feldarbeit.

Zu den leichten Schleppern zählen die vier Modelle der 5015er-Serie, die den Bereich von 55 bis 80 PS abdeckten. Der hier abgebildete Typ 5315 leistet 65 PS und ist mit einem Dreizylinder-Turbodiesel bestückt.

Mit 88 PS ist der für den Obstanbau entworfene Typ 5615 F das leistungsstärkste Modell innerhalb der 5015er-Baureihe. Das Foto zeigt einen offen ausgeführten Allradtraktor mit Überrollbügel.

Neben den mittlerweile klassischen Kabinenmodellen wurden die Traktoren der 5015er-Reihe auch mit offenem Fahrstand angeboten. Diese Bauweise ist heute eher die Ausnahme und wird vorzugsweise dort eingesetzt, wo konstant gute Witterungsverhältnisse vorherrschen.

Die in der Typenbezeichnung mit einem „V" versehenen Traktoren wurden speziell für den Weinbau konzipiert. Trotz ihrer geringen Abmessungen handelt es sich um kleine Kraftpakte, wobei der abgebildete 5215 V mit 55 PS aufwarten kann.

Der Hochrad-Schlepper 5515 High Crop eignet sich speziell für Bodenkulturen, die eine besonders große Bodenfreiheit erfordern. Der drehmomentstarke Vierzylinder-PowerTech-Diesel mit Turbolader verfügt über beträchtliche Kraftreserven.

Das Modell 6420 S wurde von 2004 bis 2007 im Mannheimer John-Deere-Werk produziert. Angetrieben wird der Allradschlepper von einem 120 PS starken Sechszylinder-PowerTech-Motor mit CommonRail-Vierventiltechnik.

Für alle John-Deere-Traktoren steht ein überaus vielseitiges Zubehörprogramm zur Verfügung. Mehr oder weniger unentbehrlich geworden ist der Frontlader, mit dem dieser 6420 ausgerüstet ist.

Der mit einem ladeluftgekühlten Sechszylindermotor ausgerüstete Typ 6620 SE war das Spitzenmodell der 6020er-Baureihe, die aus sieben Fahrzeugen bestand und den Leistungsbereich von 75 bis 125 PS abdeckte.

Das Modell 7920 war das Flaggschiff der ab 2003 in Waterloo gefertigten 7020er-Serie. Mit 200 PS, einem stufenlosen AutoPowr-Getriebe und bis zu 50 km/h schnell war dieser Allradschlepper allen Aufgaben eines Großbetriebes gewachsen. Hier ist er beim Tiefpflügen zu sehen.

Der in Waterloo gebaute Typ 8520 war das Spitzenmodell der bis 2005 fabrizierten 8020er-Serie mit 200 bis 295 PS. Diese Reihe bestand aus insgesamt zehn Modellen, also fünf Allrad- und fünf Raupenschleppern. Es waren sehr leistungsstarke Traktoren, deren Antriebsaggregate mit einem Turbolader und dem Hochdruck-CommonRail-Einspritzsystem ausgerüstet waren. Die Heckhydraulik war in der Lage, 11.000 kg zu heben.

Mit dem leistungsstarken Frontkraftheber mit 5200 kg Hubkraft ließ sich der 8520 noch vielfältiger und flexibler einsetzen. Hier hebt dieser den schweren Saatkasten, während sich die Sämaschine am Heck des doppelbereiften Traktors befindet.

Mit einer Motorleistung von 425 PS und einem Gewicht von rund 17 Tonnen wartete das Modell 9400 auf: Damit war es das größte und gleichzeitig gewichtigste Mitglied der in Waterloo bis 2002 gefertigten 9000er-Reihe. Wahlweise gab es dieses Modell als Radschlepper oder als Raupe. Auf dem Foto ist der Raupenschlepper 9400 T im Einsatz zu sehen.

Bekanntlich haben Transportaufgaben in der Landwirtschaft schon immer einen breiten Raum eingenommen. Mit den Traktoren der 7020er-Reihe konnten diese problemlos und schnell erledigt werden.

Mit den fünf Modellen der seit 2007 im Werk Waterloo gefertigten Großtraktoren der Serie 9030 bietet John Deere mehr Leistung als je zuvor. Dabei kann der Kunde zwischen Rad- und Raupenantrieb wählen. Das hier gezeigte Modell 9530 ist mit 491 PS das zweitstärkste Mitglied dieser Reihe. Zur Bodenschonung ist dieser Knicklenkertraktor doppelbereift. Die gewaltigen Maschinen können nur in ausgesprochenen Großbetrieben mit entsprechenden Anbauflächen sinnvoll eingesetzt werden.

Seite 136: Seit dem Jahr 2007 laufen die Traktoren der 7030er-Reihe vom Band, die den Leistungsbereich von 121 bis 220 PS umfasst. Während alle neun Modelle dieser Serie in Waterloo gebaut werden, erfolgt die Fabrikation der vier kleineren Fahrzeuge bis 165 PS zusätzlich auch in Mannheim. Der hier abgebildete 7930 ist das stärkste Modell dieser Baureihe.

Mit 375 PS auch schon ein Riese unter den John-Deere-Traktoren war der bis zum Jahr 2007 in Waterloo gefertigte Typ 9320, der hier vor einem Grubber zu sehen ist.

Die gewaltige Arbeitsbreite, die von einem Modell 9530 bearbeitet werden kann, wird auf dieser Aufnahme mit einer Gerätekombination aus Kurzscheiben-egge und Grubber des Herstellers Horsch demonstriert.

Das seit 2007 angebotene Modell 9430 ist ein Großschlepper, der von einem 439 PS starken Sechszylinder-PowerTech-Plus-Diesel mit elektronisch ge-steuertem Einspritzsystem fortbewegt wird.

Seite 140: Hier die Raupenausführung 9530 T. Das neue, gefederte Raupenlaufwerk ermöglicht einen bisher unbekannten Fahrkomfort.

Auch aus der seitlichen Perspektive macht der gewaltige 9530 T eine gute Figur.

Das derzeitige John-Deere-Spitzenmodell ist der Knicklenkertraktor 9630 mit 543 PS. Gemessen nach den Abgasregelungen für Dieselmotoren ECE-R 24 sind es sogar 578 PS, die der PowerTech-Plus-Motor aus 13,5 Liter Hubraum erzeugt.